初心者でもできる!

せどり副業で月収10万円

リンクアップ 著
楓 監修

技術評論社

目次

第1章 せどりを始める前に知っておきたいこと

第2章 Amazonに出品するための準備

目次

第3章 価格推移検索ツールの使い方

初心者はここから! 店舗せどり

目次

第5章 お宝を探そう! 電脳せどり

せどりをもっと効率的に進めるコツ

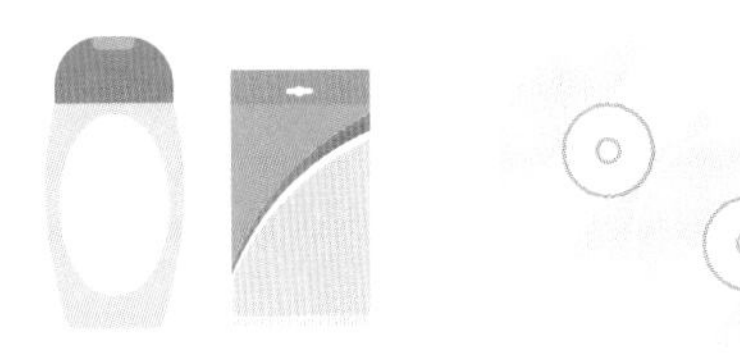

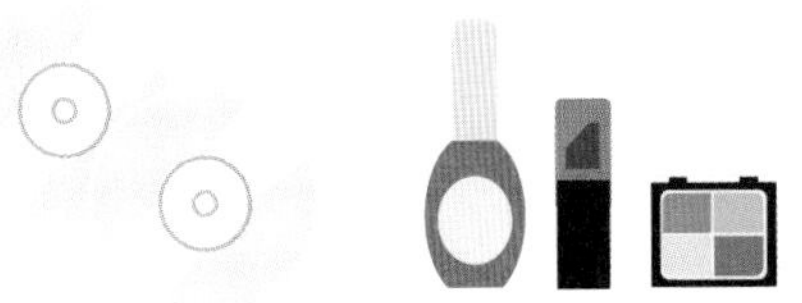

目次

第7章 せどりにまつわるQ&A

付録　副業の基礎知識を確認しよう

第1章

せどりを始める前に知っておきたいこと

副業にせどりをおすすめする理由

せどり
資金ショート

企業でも副業が認められ、隙間時間を有効に使える副業がブームの兆しです。ここでは、初心者でも利益を得られる副業として、「せどり」をおすすめする理由を解説します。

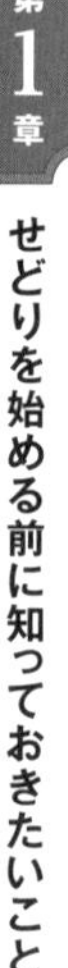

せどりって何?

せどりとは、「**安く仕入れた商品に手数料を加えて販売し、その差額で利益を得ること**」です。「転売」と言ったほうがわかりやすいでしょうか。「転売?」と思うかもしれませんが、元々、せどりは、古書店等で売っている本を安く買い、ほかの古書店に高く売って利ざやを稼ぐ「古本の転売」を意味する言葉として使われていました。現在では、古本にとどまらず、家電、アパレルなどさまざまなジャンルの商品が取引されています。

安いものを高く売って多くの利益を得るには、仕入れる商品の相場をリサーチするのはもちろんのこと、売れ筋を判断するための商品知識と確かな目利きも必要となります。以前は、こういった情報も足で稼ぐ必要がありましたし、仕入れや販売にも時間と労力とコストがかかりました。そのため、個人が気軽に商売する方法としては、あまり現実的とは言えませんでした。

しかし、インターネットやSNSの普及により、商品の相場や売れ筋のリサーチがネットでかんたんに行えるようになっただけでなく、ネットショップや宅配サービスの利用が一般的になり、仕入れも販売も効率的に行えるようになったことから、「**副業としてのせどり**」が可能となったのです。

⦿せどりのしくみ

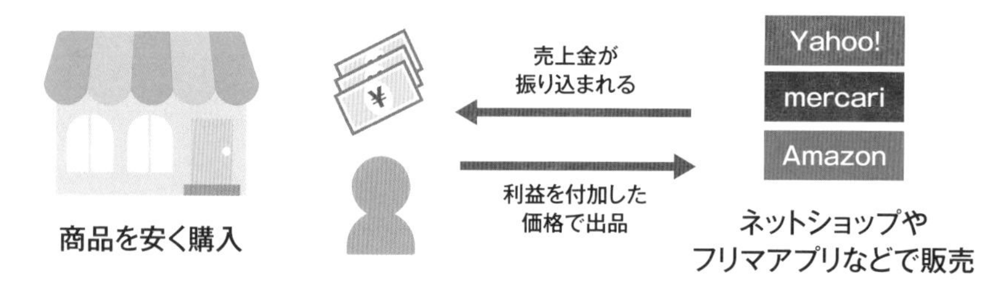

なぜ、副業にせどりがおすすめなのか?

インターネットが普及した今、スマホやパソコンを使って気軽に副業できるようになりました。なかでも、せどりは、**最もおすすめできる副業**であるといえます。

たとえば、副業の代表ともいえる株式投資は、初期費用が必要なうえ、知識も要します。大きなリターンも期待できますが、その分、リスクも大きくなります。まして、リスクを回避するためには、常に動向をチェックする必要があるなど、時間的縛りも発生します。

それに対して、せどりは、休憩時間や移動時間など仕事の合間でも十分に取引可能です。そして、せどりの最大のメリットは、隙間時間だけの稼働でもリスクが小さいこと。万が一、掘り出し物を仕入れし逃したとしても、得が逃げただけで、損にはなりません。

このように、「**少ない時間の中で、リスクなく、かんたんに始められる**」のがせどりなのです。以下、せどりを副業にするメリットをまとめてみます。

かんたんで誰でも取り組むことができる

せどりには、多くの時間も、オフィスも、特別な知識も必要ありません。しいて言うなら「安く買うテクニック」くらいでしょうか。安く買うテクニックは、日常生活のなかでも十分身につけられます。とにかく、誰にでもかんたんにできるのです。

大きな資金は必要ない

せどりには、自己資金が○○円以上ないと始められない、などという投資金額の縛りがありません。自分が出せる資金の範囲内で始めることができます。たとえば、自分の自己資金が10万円だったら、はじめは仕入れの金額を10万円以下に抑えればよいだけです。

短期間で結果が出る

せどりでは、売買成立後、たとえばAmazonの場合は2週間に1回売上金を手にすることができます。締めや支払いの関係で、翌月以降にしか現金が入ってこない、ということがありません。まずは自己資金内で始めて、「仕入れて→売る」の流れに慣れてきたら、仕入れのロットを大きくすればよいだけなので、しっかり勉強して徐々に規模を大きくしていくことにより、「**資金ショート**」はほぼ起こりません。

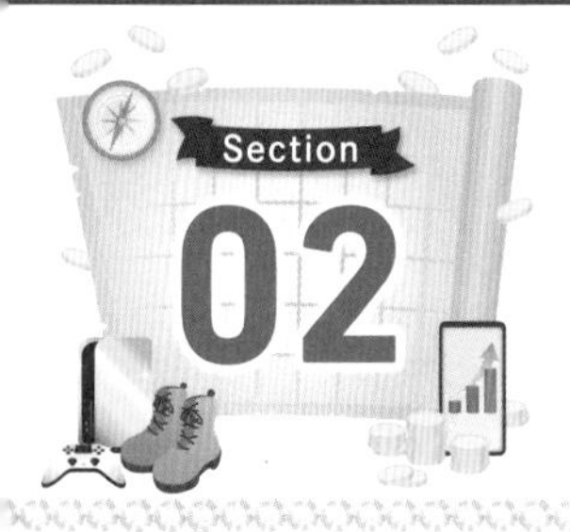

せどりは具体的にどんなことをする?

- 商品の仕入れ
- フルフィルメント

せどりで収益を得るにはどんなことをすればよいのでしょうか。せどりは、仕入れから始まり、販売、梱包、発送を経て売買が成立します。ここでは主に、仕入れ、販売について解説します。

商品を仕入れる

せどりを始めるには、まず商品を仕入れる必要があります。せどりでは、この商品の仕入れが最も重要。よい商品を1円でも安く仕入れ、1円でも高く売ることが利益につながります。そのため、まずは、よい商品を安く仕入れることのできる仕入れ先を確保します。

なお、主な仕入れ先として、以下のようなところが挙げられます。

- ネット通販
- リサイクルショップ
- 量販店

まず、大手通販サイトのセールは、こまめにチェックします。また、大手通販サイトや量販店でセール品をまとめて調達する方法もあります。

このように、商品に応じた仕入れ先を使い分けます。いずれにしても、仕入れ先は複数確保しておきましょう。

仕入れた商品は、以下のような流れで売り上げにつなげます。

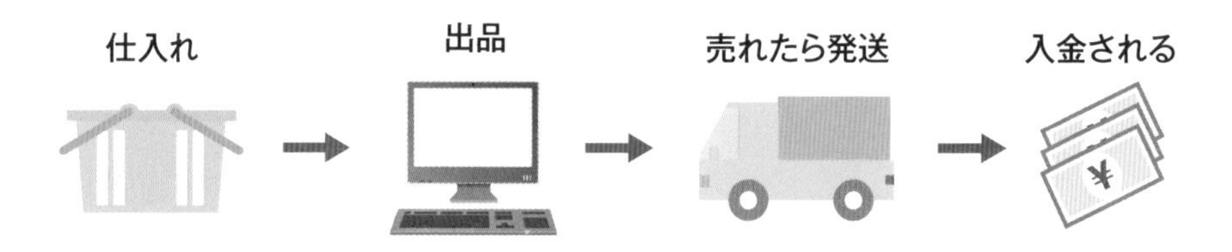

商品を販売する

商品を仕入れたら、いよいよ販売です。販売する商品によって、販売先を柔軟に変えることが、高値で取引するポイントです。また、販売するときは、梱包や配送に関する費用も考慮した値付けを行う必要もあります。

せどりでは、販売場所として、主に以下のようなところを利用します。

- **ネット通販**
- **リサイクルショップ、質屋**

販路は、商品の特性に合わせ、より高く、効率的に売れる場所を選択します。

ネット通販を利用する

せどりで最も多く利用される販売場所は、**Amazonなどの通販サイト**です。特に、Amazonは、せどりでの販売場所として、基本中の基本といえます。さて、それはなぜでしょうか。

たとえば、不用品を販売した場合、売れた商品は自分で梱包して配送する必要があります。もしも、商品が100人に売れたら、100個梱包し、100回配送作業をすることになります。それに対し、Amazonのように**フルフィルメントシステム**のある通販サイトの場合、商品を仕入れたら一度倉庫に送るだけでOK。商品を代わりに配送してくれます。さらに、「**フルフィルメント by Amazon（FBA）**」の場合、配送だけでなく、返品対応などの配送後のカスタマーサービスも行ってくれるので安心です。

セール品をまとめて仕入れ、大量販売するような場合は、このようなサービスを利用するほうが、間違いなく効率的です。

リサイクルショップや買い取り店を利用する

買い取り店では、とくに、貴金属や時計、ブランド品などの高額商品は、質屋やリサイクルショップのほうが高値で買い取ってくれる場合があります。また、特定のブランドを高値で買い取るキャンペーンなどもあるため、要チェックです。ほとんどが無料で査定してくれるので、より高値で買い取ってくれる業者を確実に選択することができます。

初心者はどれくらいの資金から始めればよい？

店舗せどり
利益商品

多くの資金を持たなくても始められるのがせどり。とはいえ、利益を得るためにはどのくらいの資金が必要なのでしょうか。ここでは、少ない資金で始めるせどりについて解説します。

必要な資金はどれくらい？

「初心者はどれくらいの資金から始めればよいか？」

その答えは、「**いくらでもよい**」です。せどりの最大のメリットは、資金も時間も好きなように、自分の決めた範囲内でできること。ただし、大きく稼ごうとするならば、ある程度まとまった金額を準備すべきです。

ちなみに、経験則で言うと、**利益率は平均して10%ほど**です。たとえば、10万円の利益を出そうと思った場合、資金は、その7～8倍の70～80万円必要だという計算になります。

この計算を元に、以下、10～30万円稼ぐためにはいくら必要かをまとめます。

売上	100万円	200万円	300万円
利益率	10%	10%	10%
利益	10万円	20万円	30万円
仕入れ額	70～80万円	150～160万円	200～220万円

なお、利益率は10%と言いましたが、当然、コンスタントにこの割合で売り上げが立つという保証はありません。反対に、新品を販売する場合は、利益率は20%くらいになることもあります。

まずは、はじめに大きな資金をかけることよりも、確実に売れる、利益の出る商品の仕入れに力を注ぐべきです。

初心者の方は仕入れから販売の流れを掴むまでは、手元にある現金の半分までの仕入れをおすすめします。ポイントせどりなど（P.144参照）はポイント還元が遅れてきますので、その部分も体感してから、資金以上仕入れることをおすすめします。

少額の資金から始めるには

ここまで読むと、「実際には資金がないと難しそう」と感じるかもしれません。しかし、たとえ資金が少なくても始められるのが、せどりです。せどりでいう資金はクレジットカードの枠も入れることができるのが利点です。つまり、たとえば自分で持ってる現金10万円とクレジットカード枠70万円があれば、せどりでの資金は80万円と考えることができます。これが、せどりが資金が少なくても始められる理由です。

売れ筋の商品、仕入れ単価の安い商品をうまく仕入れることができれば、たとえ少額からでも、利益が得られます。ここでは、低コストで始めるせどりを紹介します。

おまけ商品なら仕入れ値無料

商品についているおまけ、条件をクリアすればもらえるキャンペーンのプレゼントなどは、メルカリ等のフリマアプリ系サイトで販売すると高額で売れることがあります。日頃から、おまけやキャンペーンはこまめにリサーチしておきましょう。

まず、このような商品には、多額の資金は必要ないですし、反対に、コストをかけても大きな利益とはなりません。おまけ付きの商品やキャンペーンを利用するときは、**その商品自体が必要かどうか**を考えて選ぶことが重要です。以下、ポイントをまとめます。

- **無料で仕入れられる商品は 20 個までにする**
- **おまけのために購入しない**
- **知らないジャンルのキャンペーンでもリサーチする**

中古品・新古品を仕入れる

低予算で仕入れたい場合、特に、初心者は、実際に店舗に足を運んで仕入れる「**店舗せどり**」がおすすめです。では、実際にどのようなところで仕入れたらよいのでしょうか。

- **量販店**：直感的に儲かる可能性の高い「**利益商品**」や割引商品が探しやすく、ほかの店舗との金額の比較や大量仕入れも可能
- **古本屋やリサイクルショップ**：値段やコンディションを実際に確認して仕入れられて安心

少額で仕入れて売ることに慣れてから徐々に仕入れ額を高額にしていき、利益を上げていくことも可能です。

副業でせどりを行う場合の時間スケジュールを設定しよう

- 電脳せどり
- リサーチ時間

隙間時間を使った副業として優秀なせどりですが、リサーチ、仕入れ、販売、梱包、発送などさまざまな作業が発生します。効率的に作業するため、時間スケジュールを設定しましょう。

売上が立つまでに必要な作業とは?

せどりで収入を得るには、まず、売れ筋の商品や価格、仕入れ先などの「**リサーチ**」、販売する商品の「**仕入れ**」、仕入れた商品の「**販売**」、売れた商品の「**梱包**」や「**発送**」などの作業が必要になります。

たとえば、仕入れる場合でも、店舗せどりでは実際に仕入れに行く時間が必要ですし、インターネットを利用して仕入れる「**電脳せどり**」の場合でも、商品を探して注文する時間、そして、商品が手元に届くまでに時間がかかることがあります。さらに、商品が売れたタイミングや売れた個数によって、梱包や発送にかかる時間や手間も変わってきます。

「隙間時間でできる」とは言っても、どの曜日にどの作業を行うか、どの作業を1日のどのタイミングで行うかなどの目安をつけておきましょう。

また、店舗が開いていない時間は電脳せどりに切り替える、セールがないときはフリマアプリ系に切り替えるなど、臨機応変に対応できるようにしましょう。

せどりの種類	仕入れのタイミング
店舗せどり	・店舗の開店時間は仕入れにあてる ・1日時間のあるときは、開店と同時または午後一番からスタートして複数の店舗を回って仕入れする ・オープンセールや決算セール、処分セール、閉店セールは要チェック ・ネット上のせどりのグループに加入して、利益が取れる商品の入荷情報から店舗へ行く
電脳(ネット)せどり	・セールのタイミングを常にチェックし、セールのないときはフリマアプリ系サイトで仕入れする ・商品を受け取るタイミングを計算して仕入れする

スケジュール設定のポイント

せどりにとって最も大切な時間は、リサーチ時間です。仕入れる商品、販売価格や販売する場所についてなど、情報収集はせどりの肝といえます。ほかの作業でリサーチの時間がとられてしまうようでは、せどりで効率よく収益を上げることはできません。

隙間時間を無駄にしないよう、常にできること、やることを把握することが大切です。

リサーチ	・毎日時間を作る ・ゆっくり時間を使えるタイミングで行う
仕入れ	・店舗の開店時間を把握してスケジューリング （仕事の合間、会社帰り、週末を有効に）
梱包	・手間のかかりにくい梱包材をセレクト （送料を考慮し、できるだけコンパクトにする） ・仕事の休みを利用してまとめて作業
発送	・仕事の休みを利用してまとめて作業 ・午前中に発送すれば翌日には届けられる
販売	・平日は会社からの帰宅後、夜の時間帯 ・休日は朝から作業する ・週末にまとめて発送できるようなタイミングを意識

せどりに必要なものを確認しよう

- 古物商免許
- リサーチツール

準備すべきものには、せどりを行うために絶対に必要なものと効率的に利益を得るために用意するとよいものがあります。ここでは、必需品とあると便利なものについて解説します。

準備するもの

せどりを始めるにあたって必要なものとは、「リサーチ」、「仕入れ」、「販売」、「梱包」、「発送」で使うものです。次の5点は、あらかじめ準備しておきましょう。

- スマートフォン
- クレジットカード
- 銀行口座
- 資金（現金）
- 古物商免許（古物商許可証）

せどりでは、仕入れに必要な情報や売上管理など、梱包以外のほとんどの作業が、スマートフォン1つあればできてしまいます。逆にいえば、**スマートフォンがないとせどりはできない**といっても過言ではありません。

また、P.17でクレジットカードを利用する利点について解説をしましたが、ほかにもメリットがあります。**せどりを行う上では、現金を利用すると損**です。なぜなら、クレジットカードは使えば使った分だけポイントが付いたり、割引されたりするなどのメリットがあります。そのため、還元率のよい「**せどり用のクレジットカード**」を準備することをおすすめします。

さらに、中古品を仕入れて販売するのであれば、**古物商免許（古物商許可証）**を取得しておきましょう（P.22参照）。自分の不用品を処分する際には必要ありませんが、中古品の販売（転売）には、古物商許可証が必要です。最寄りの警察署に行って取得しておきましょう。なお、取得には、申請手数料19,000円がかかります（P.22参照）。

以下に挙げるのは、あると便利なものです。これらがあると、無駄な手間や時間を省くことができます。

・パソコン
・プリンター
・リサーチツール
・アカウント（Amazon／フリマアプリなど）
・梱包材（段ボール・緩衝材など）
・車（店舗せどりの場合）

パソコンやプリンターは、リサーチにはもちろんのこと、納品書や証明書などを作成、印刷するときにあると便利です。また、現在どのような商品が売れているかを把握できる「**リサーチツール**」を活用したり、店舗せどりであっても、空いた時間に仕入れや販売を行うためのAmazonやフリマアプリのアカウントも準備しておくとよいでしょう。

ちなみに、リサーチツールには、次のようなものがあります。

・Keepa
・せどりすとプレミアム
・マカド！
・プライスター
・セラースケット

とくにセラースケットは有料ツールの中でも、2021年8月現在いちばん維持費が安く使いやすいです（スタンダードコース）。

これらのツールを目的に合わせて使い分け、うまく利用することで、損やミスを限りなく減らし、効率よく利益を上げることができます。

Memo 「せどり」と「転売」の違い

せどりは、元々古書を転売する意味で使われていた言葉です。基本的に、せどりも転売も「安く仕入れ、利益を付加して高く売る」こと。しかし、昨今、「転売」という言葉には「人気で手に入りにくい商品を買い占めること。それにより、商品が品薄になるだけでなく、定価より高額で販売されて迷惑」という悪いイメージが定着しています。副業にするなら、気持ちのよい稼ぎ方を考え、節度を持ったせどりを心がけることも大切でしょう。

古物商を取得しよう

- 古物商
- 古物商免許

中古品の売買をビジネスにする場合は、「古物商許可証」が必要です。この許可証を取得するまで、ビジネスはできないため、早めに取得しておきましょう。

古物商許可申請をするには?

自分の不用品や無料でもらったものを処分するのに免許や資格は必要ありませんが、中古品を仕入れ、転売して利益を得るには、「**古物商免許**」が必要になります。

「古物商」とは、中古品（古物）の売買や交換をビジネスとしている法人や個人のことで、**古物商免許とは、古物商としての営業が許可された法人・個人に発行される許可証**です。古物商が売買する場合には、この許可証を携帯、提示する必要があります。

申請には、主たる営業所を管轄している警察署（公安委員会）に必要な書類を提出する必要があり、許可を受けるまでは、古物商としてのビジネスはできません。

1. 古物商許可が取得できるかどうかの確認
↓
2. 申請書類、添付書類を集める
↓
3. 警察署に書類を提出
↓
4. 古物商許可証を取りに行く

ここでは、警視庁Webサイト「古物商許可申請」（https://www.keishicho.metro.tokyo.jp/tetsuzuki/kobutsu/tetsuzuki/kyoka.html）を参考に、申請に必要なものを確認します。

古物商許可申請に必要なものの一部

●**申請場所**

主たる営業所の所在地を管轄する警察署（防犯係）

●**申請手数料**

19,000円

●**必要書類**

許可申請書（古物営業法施行規則別記様式第1号）

◆**添付書類**

・**個人許可申請の場合**

- 略歴書（本人と営業所の管理者のものが必要）
- 本籍（外国人の方は国籍等）が記載された住民票の写し（本人と営業所の管理者のものが必要）
- 誓約書（本人と営業所の管理者のものが必要）
- 身分証明書（本人と営業所の管理者のものが必要）
- URLの使用権限があることを疎明する資料（該当する営業形態のみ必要）

・**法人許可申請の場合**

- 法人の定款
- 法人の登記事項証明書
- 略歴書（役員全員と営業所の管理者のものが必要）
- 本籍（外国人の方は国籍等）が記載された住民票の写し（役員全員と営業所の管理者のものが必要）
- 誓約書（役員全員と営業所の管理者のものが必要）
- 身分証明書（役員全員と営業所の管理者のものが必要）
- URLの使用権限があることを疎明する資料（該当する営業形態のみ必要）

●**備考**

古物商は、営業所ごとに、当該営業所に係る業務を適正に実施するための責任者として、管理者1人を選任しなければなりません。（古物営業法第13条第1項）

古物商許可証

出典元　警視庁Webサイト「古物商許可申請」
https://www.keishicho.metro.tokyo.jp/tetsuzuki/kobutsu/tetsuzuki/kyoka.html

せどりで使うツールを確認しよう

リサーチツール
Keepa

せどりで利益を上げるには、商品や価格、売れ筋のリサーチは重要です。効率的にリサーチすることで、時間や労力を節約できます。ここでは、使えるリサーチツールについて紹介します。

せどりで使えるリサーチツールは?

せどりの「**リサーチツール**」とは、主にAmazonで販売されている商品の価格変動や売れ行きのランキング、特定の商品に対する出品者数の増減といった「**せどりに必要なデータをかんたんにチェックする**」ためのツールです。

Keepaを使う

Keepaは、Amazon内で販売されている商品の価格変動を自動で追跡することができるツールです。設定した商品が希望の価格まで下がるとメールやSNS等で通知を受け取ることができるうえ、Amazon販売値や新品・中古の販売値などの価格推移のグラフをKeepaのサイトやAmazonの商品ページから閲覧できます。また、商品仕入れの際にその商品が過去にどれだけ、どの価格で売れているかを見ることもできます。

なお、Keepaには、次の2種類の使い方があります。

- Web サイト（https://keepa.com/）にログインして利用する
- Web ブラウザに拡張機能を追加して利用する

Webブラウザの拡張機能として利用するときは、パソコンやスマホにインストールされている「Google Chrome」や「Firefox」、「オペラ」、「Microsoft Edge」といったWebブラウザから拡張ツールを追加します。

なお、Keepaには、「無料プラン」と「有料プラン」の2種類があり、すべての機能を利用したいときは、月額15ユーロ(=約1,900円)の有料プランに申し込む必要があります。

アプリを使う

いちいちWebサイトにアクセスしたり、拡張機能を追加したりするのが面倒な場合、アプリを利用する方法もあります。**アプリを選ぶときは、グラフの表示期間や利便性などを確認しましょう**。なお、アプリによっては、Keepaに登録しなくてもKeepaの情報が見られるものもあります。少しでも安くリサーチしたいという場合は、Keepaを無料で見られるアプリを選択するとよいでしょう。

ここでは、次の4種類のアプリを解説します。

	料金	Keepa の課金	主な特徴
せどりすとプレミアム (http://www.sedolist.info/)	5,000 円(税別)/月 ※別途で初期費用 5,000 円(税別)必要	要	・バーコードリーダー対応 ・Amazon 一括出品ファイルのエクスポート ・代引き・コンビニ支払い除外出品 ・仕入れ状況の把握 ・出品時のポイント付与対応 ・複数商品・オレ様アラート
プライスター (https://lp.pricetar.com/lp/pricetarlp/)	5,280 円(税込)/月	要	・かんたん出品 ・FBA かんたん納品機能 ・売上の自動計算 ・自動サンクスメール ・リピート販売 ・月間ランキング
マカド! (https://makad.pw/)	4,980 円(税込)/月	不要	・ダウンロード不要のツール ・FBA 出品・自己出品対応 ・ワンクリック追加出品機能 ・値下げ幅リミッター搭載 ・Amazon 価格除外 ・価格改定上限下限機能 ・赤字・黒字フィルター ・商品リサーチ機能
ショッピングリサーチャー (https://qr.paps.jp/hrjfx)	無料	不要 (有料版のみ)	・無料で使えるGoogle Chromeの拡張機能。比較や価格推移の確認がネットショップ内でできる ・Amazon や楽天などのサイトからほかのEC サイトに遷移できる

せどりで確実に稼ぐために気を付けるべきこと

特商法
アカウント停止

せどりで副業をする上で必要なのは、せどりの知識だけではありません。副業といえどもやることは個人事業主です。当事者意識やスケジュール管理能力などのスキルが必要です。

仕入れで気を付けるべきこと

詐欺サイトに注意

近頃の詐欺サイトは、一見すると公式ショップと遜色ないほど精巧に作られており、気を付けていても騙されてしまう可能性は十分にあります。

まずは、詐欺サイトを見分ける方法として、はじめに以下の項目を確認しましょう。

- 支払いの振込先口座名が外国人名ではないか
- 日本語が不自然ではないか
- 商品が安価すぎないか
- 連絡先のメールアドレスがフリーメールアドレスではないか
- 商品の発送が海外郵便ではないか
- URL のドメインが不自然な表記ではないか
- 特商法の必要事項が記載されているか

これらの項目をふまえ、詐欺サイトを見分けるコツを確認していきます。

支払いの振込先口座名が外国人名ではないか

多くの通販サイトでは、「代引き」、「銀行振込」、「後払い」、「クレジットカード払い」などさまざまな支払い方法に対応しています。しかし、詐欺サイトでは、支払い方法として「銀行振込のみ」にしていることが多いです。

たとえば、**振込先が外国人の名前であったり、海外の知らない決済方法であったり、振込先を知らせる通知が遅かったりする場合は、詐欺ショップの可能性が高い**ので、購入は控えたほうが無難でしょう。

◘日本語が不自然ではないか

詐欺サイトは、海外で作成されている場合が多く、翻訳機能で翻訳したような、不自然な日本語の文章で作られている場合が多いです。**言い回しが不自然であったり、漢字を間違えていたり、不自然であったりする場合は、要注意**です。

◘商品が安価すぎないか

普段商品を仕入れている方ならわかりますが、詐欺サイトの商品は、相場に対して安価に販売されていることが多いです。特に、人気で品薄であることが明らかな商品が安価で販売されていたとしたら、詐欺サイトとみて間違いありません。

どこにもない商品が売られている、しかも、安価、という場合は、詐欺ショップの可能性が高いので、購入は控えたほうが無難でしょう。

◘連絡先のメールアドレスがフリーメールアドレスではないか

連絡先のメールアドレスが、無料で誰でもかんたんに利用できるフリーメールの場合は、詐欺サイトを疑う余地あり。注意が必要です。以下をドメインとするメールアドレスは、ご存じのとおり、かんたんに取得できるアドレスです。

・Yahoo(yahoo.co.jp)
・Microsoft(outlook.com)
・Google(gmail.com)

これらのアドレスを商売、商品販売の連絡先として使用しているというのは、正直、信用を得られません。反対に、自分が商売する場合にも、同じことがいえます。

「売買」という重要なやり取りに使用するメールアドレスがフリーメールの場合は、購入を避けたほうがよいでしょう。

◘商品の発送が海外郵便ではないか

商品が海外から郵送される場合は、海外郵便として送られてきます。

海外からの輸入であることをうたっていないにも関わらず、日本名の会社なのに海外郵便、所在地が日本なのに海外郵便といった場合は、警戒すべきです。**別の商品が入っていたり、受け取りに関税を請求される場合もあります。**

URLのドメインが不自然な表記ではないか

「ドメイン」とは、URLのホームページの住所ともいえる部分です。特に、「トップドメイン」では、管理している国や使用している団体の属性を確認できる部分です。

日本で多く閲覧されているWebサイトでは、「.jp」や「.com」を使用している場合が多い反面、詐欺サイトでは、普段では見られないドメインを利用していているURLであることが多いです。

不自然だったり、不安だったりする場合は、URLを信用せず、社名や電話番号、商品名などで検索し、確認しておいたほうがよいでしょう。

また、URLが「**https:// ～」で始まっていないWebサイトは、通信の暗号化がされていないサイト**であり、通販サイトとしては、セキュリティの観点からもベストとは言えません。このあたりも十分注意し、しっかりと確認するべきでしょう。

特商法の必要事項が記載されているか

「**特商法**」・「**特定商取引法**」とは、トラブルが生じやすい取引を対象に、取引の公正性と消費者被害の防止、利益の保護を図ることを目的とした法律です。**ネットショップなどの通販サイト事業は、通信販売業**にあたります。そのため、通販サイトには、「**特定商取引法に基づく表記**」を掲載する義務があります。

特定商取引法に基づく表記に記載しておくべき項目は、以下のとおりです。

- **会社名**
- **所在名**
- **電話番号**
- **責任者 (代表者) の氏名**

これらの項目が記載されているか、また、正しく記載されているかを確認しましょう。さらに、会社名、電話番号などが実在するかを検索し、改めて確認することも重要です。

せどりは、仕入れがなければ収入もありません。できる限り、安く、よいものを仕入れたいという気持ちは、よい商売をする上ではとても大切なことです。

しかし、仕入れたものが偽ブランド品であったり、詐欺サイトで購入してしまい商品が仕入れられなかったりといったことは、何としてでも避けなければなりません。

ここで挙げたのは、最低限のポイントです。少しでも怪しいと感じたときは、どんなによい条件でもかんたんには手を出さず、冷静に判断しましょう。

販売で気を付けるべきこと

販売サイトで禁止されている行為はしない

通販サイトやフリマアプリ系サイトなど、それぞれのサイトでは、安全、円滑に運営するために**禁止事項**を設けています。万が一、禁止事項に抵触する行為を行うと、**アカウント停止（垢BAN）**となるため、以降、そこを販路とはできなくなりますので十分に注意しましょう。

ここでは、代表的なフリマアプリ系サイトや通販サイトの禁止行為を確認します。

メルカリ：

https://www.mercari.com/jp/help_center/getting_started/prohibited_conduct/

ヤフオク：

https://guide-ec.yahoo.co.jp/notice/rules/auc/detailed_regulations.html

Amazon：

https://sellercentral.amazon.co.jp/gp/help/external/G200386250?language=ja_JP

◉Amazon出品者の禁止活動および行為、ならびに遵守事項

適用されるマーケットプレイス: 日本

Help / 規約、ガイドライン / プログラムポリシー / Amazon出品サービスの手数料 / 出品者の禁止活動および行為、ならびに遵守事項

出品者の禁止活動および行為、ならびに遵守事項

これらの出品者の禁止活動および行為、ならびに遵守事項（以下、本規約）は、購入者にとって安全であり、かつ、出品者にとって公正な販売プログラムを維持するために定められています。本規約の条件が遵守されない場合、出品掲載の取り消し、Amazonのツールおよびレポートの使用停止、出品権限のはく奪、永久停止などの措置を受ける場合があります。

注: 本規約は、契約その他による出品者のその他の義務に加えて課されるものであり、それらを何ら制限するものではありません。

取引または購入者を誘導する試み：

Amazonの確立された販売プロセスを逸脱し、またはAmazonの顧客やユーザーを別のウェブサイトもしくは販売プロセスに誘導することは一切禁止されています。具体的には、Amazonの顧客やユーザーに対し、Amazonのウェブサイトを避けるよう誘導または促すいかなる広告、販売メッセージ（特価提供など）または実施要請も禁止されています。禁止されている活動は以下のとおりです。

- 購入者にAmazonの販売プロセスから逸らさせることを意図してEメールを使用すること。
- 購入者にAmazonの販売プロセスから逸らさせることを意図してハイパーリンク、URLまたはウェブアドレスをEメールのメッセージまたは商品/掲載の詳細に記載に含めること。

関連記事

特別販売手数料

2021年販売手数料の改定（Amazon.co.jp）

Amazon Business（アマゾン ビジネス）出品手数料

手数料の詳細ツール

出品者利用規約および出品者行動規範

カテゴリー、商品、出品の制限事項

商品詳細ページの規則

出品者の禁止活動および行為、ならびに遵守事項

ドロップシッピングポリシー

違法行為はしない

商品を販売するには決まりがあり、売ってはいけないもの、許可がなくては売ってはいけないものなども存在します。副業として、せどりを確実な収入源にしたいのであれば、違法行為は厳禁です。仕事にするのであれば、転売に関する法律は正しく把握しておきましょう。

せどりにおけるNG事項

コピーコンテンツ
リセール

せどり・転売は違法ではありません。ただし、違法になる可能性もあります。せどりを副業にするのであれば、犯罪行為はご法度。何をやってはいけないのか、法律知識をもつことも大切です。

せどりで違法となる場合

せどりは犯罪ではありません。しかし、転売行為の中には、法律に違反する可能性のあるものもあります。当然、法律に違反すれば処罰の対象となり、最悪、逮捕されることにもなりかねません。そのため、必要な法律知識をもって、違法販売にならないように十分注意を払う必要があります。

偽物を販売する

偽ブランド、コピー商品を「偽物とわかっていて販売する」ことは、商標法違反、商標権侵害という犯罪行為に当たります。偽物と知らずに売ってしまった場合でも、ビジネスで販売していた場合は、犯罪行為とみなされます。仕入れの際は十分に注意し、仕入れは信頼できるところで行いましょう。

なお、**商標権侵害では、最高で「15年以下の懲役」もしくは「5,000万円以下の罰金」、または、その両方が科せられる**可能性があります。

古物商許可を受けずに転売する

いらなくなった物を販売すること自体は問題ありませんが、フリマアプリやネットショップ、リサイクルショップなどで中古品を営利目的で販売する場合には、古物商許可が必要です。不用品を無許可で販売することは、違法行為に当たります。古物商許可は、せどりを始める前に取得しておくことをおすすめします。

なお、**古物営業法違反では、「3年以下の懲役」もしくは「100万円以下の罰金」、または、その両方が科せられる**可能性があります。

デジタルコンテンツのコピー・海賊版を販売する

「**デジタルコンテンツ**」とは、映画や音楽、ソフトなどをいいます。さらに、これらを許可なくコピーしたものを「コピーコンテンツ」といいます。

これらコピーコンテンツ、海賊版として販売されていたもの、盗撮・盗聴によって入手された動画や音声などの販売は、著作権法違反という犯罪行為に当たります。コピーコンテンツの違法性については、CMなどでも注意喚起されているので、ご存じの方も多いでしょう。

なお、**著作権の侵害では、「10年以下の懲役」もしくは「1,000万円以下の罰金」、または、その両方が科せられる**可能性があります。また、**不正競争防止法違反に問われる場合もあり、その場合は「5年以下の懲役」もしくは「500万円以下の罰金」、または、その両方が科せられる**可能性があります。

チケットを定価以上の金額で転売する

転売が禁止されている商品として真っ先に思い浮かぶのは「チケット」ではないでしょうか。以前は、人気のコンサートやイベント等のチケットを買い占め、オークションやチケット転売サイトを使って高額で販売する「高額転売」が横行していました。

この状況を是正する目的で、「国内で行われる映画、音楽、舞踊等の芸術·芸能やスポーツイベント等のチケットのうち、興行主の同意のない有償譲渡を禁止する旨が明示された座席指定等がされたチケットの不正転売等を禁止する」（政府広報オンラインサイト（https://www.gov-online.go.jp/useful/article/201904/1.html）より）法律として、2019年6月に施行されたのが、「チケット不正転売禁止法」です。

このチケット不正転売禁止法により、チケットの高額転売は違法行為となりました。ちなみに、チケットを定価以下の価格で販売する「リセール」は違法行為には当たりません。

なお、**不正転売禁止法違反では、「1年以下の懲役」もしくは「100万円以下の罰金」、または、その両方が科され**ます。

◉違法対象になるチケット、ならないチケット

違法対象になるもの	違法対象にならないもの
・コンサート、ライブ、野外フェスティバル、映画、演劇など芸術及び芸能 ・スポーツ、そのほか有料イベント	・新幹線などの乗り物の乗車券 ・遊園地などの娯楽施設の入場券

販売権を持っていない商品を販売する

販売する商品によっては、あらかじめ許可が必要なものがあります。たとえば、酒類やタバコを販売する場合にも、酒については、「**販売業免許**」、タバコは、「**小売販売業許可**」が必要で、事前に許可を申請する必要があります。

メルカリやAmazonでは、免許のない業者や継続的に販売する個人の酒類やタバコの販売は認められませんし、免許がないまま転売を行ってしまうことは犯罪行為に当たります。**酒類の販売業免許がないまま販売した場合は、「1年以下の懲役」もしくは「50万円以下の罰金」が科され、製造たばこの小売販売業の許可を得ないままタバコを販売した場合は、30万円以下の罰金が科せられます。**

なお、酒類やタバコの販売許可の取得はかんたんではありません。そのため、せどりで気軽に販売できる商品とはいえません。

そのほか、「サロン専売品」の販売で立件されたケースもあります。

サロン専売品とは、メーカーが、美容院やエステサロンなど、美容を業務としている許可された場所や人のみが使用できる商品のことです。

許可されていない業者が、問題になることを恐れ、製造番号を削り取り、成分の記載された外箱のない状態で販売していた**医薬品医療機器法違反（不正表示化粧品の販売）**の疑いで立件されました。これは非常に珍しいケースですが、この行為自体、メーカーと業者間の契約違反となります。

せどりで長く稼ぎたいのであれば、違法行為はもちろん、違法に問われかねない行為をすることがないよう、ルールをしっかりと確認しておくことも重要です。

Memo　法律で販売を禁止されている物は？

以下の商品は、法律で販売そのものが禁止されているものです。万が一、販売してしまうと違法行為となるので、注意しましょう。

盗品	契約された携帯電話
爆発物	銃火器
刃物	違法ドラッグ
危険食品	ワシントン条約に接触する剥製、象牙など

Amazonに出品するための準備

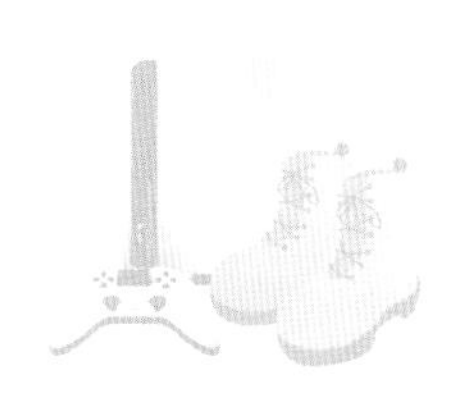

Amazonの販売方法には大きく2パターンある

- 自己出品
- FBA

Amazonの販売方法には、「自己出品」と「FBA」の2種類があります。Amazonへ本格的に出品する前に、それぞれの販売方法の特徴をよく理解しておきましょう。

自己出品の特徴

自己出品とは、Amazonの出品方法の1つである「小口出品」のことを意味します。ここでは、自己出品の4つの特徴を見ていきましょう。

月額利用料が無料

自己出品を選択した場合の月額利用料は、Amazonという抜群の集客力を誇るECプラットフォームで出品できるにもかかわらず無料です。

商品1個ごとに手数料が発生

自己出品で出品した商品が売れた場合、1個につき110円+販売手数料が発生します。

在庫管理・梱包・発送・購入者対応・返品作業はすべて自分で行う

自己出品は、出品・梱包・発送・出荷通知・出荷後の購入者への対応・返品作業も全て行わなければいけません。作業量が大変多く、梱包のための資材や発送料も出品者の負担となります。

既存商品の相乗り出品しかできない

自己出品は、Amazonの販売カタログに登録されていない商品を出品できません。基本的には、Amazonの販売カタログに登録されている商品に相乗りして出品することになります。

FBAの特徴

FBA（フルフィルメント）とは、Amazonの出品方法である「大口出品」のうちの1つです。ここでは、FBAの5つの特徴を見ていきましょう。

月額利用料＋手数料がかかる

FBAの月額利用料は、5,390円かかります。さらに、発送代行手数料や在庫保管手数料などの各種手数料が発生します。有名ECサイトの中には出店料だけでも高額なものも少なくありませんが、Amazonがほとんどの作業を代行してくれることを考慮すれば、かなりお得だと言えます。

在庫管理・梱包・発送・購入者対応・返品作業はAmazonが代行

FBAは、Amazonが発送作業を全て行ってくれるサービスです。そのため、受注･梱包･発送･出荷後の購入者への対応･返品作業も自分でする必要がありません。FBA倉庫に送ったら、商品が売れても基本的に何もしなくてよいので大変楽です。

便利なツールを利用できる

FBAでは、APIやレポートなど売り上げやリアルタイムでの在庫管理などに役立つツールを使用できます。大量の商品でも効率的に販売・管理できて大変便利です。

Amazonプライムブランドとして出品できる

Amazonを利用したことのある人は、商品ページの価格の右側に「Primeマーク」が付いている商品と付いていない商品があるのに気付いた方もいるのではないでしょうか。このPrimeマークが付いている商品は、Amazonプライムブランドとして出品されたFBAの商品であることを意味します（※一部の商品は自己出品でも付く場合がある）。Primeマークが付いている商品と付いていない商品では、売れ具合に影響してきます。

新規出品ができる

FBAは、Amazonの販売カタログに登録されていない新規の商品も出品できます。また、検索して最初に出てくる出品者が表示される「カート」の取得優先度も上がるため、売れやすくなります。

自己出品とFBAのどちらで出品するのがよい？

自己出品
FBA

自己出品とFBAは、出品スタイルによって向き不向きがあります。間違った出品方法を選択するとかえって損をすることになるので、注意が必要です。どちらが自分に合っているのか見極めましょう。

売り切るまでの速さが問われるものは自己出品

自己出品での出品がおすすめな人は以下の通りです。

早めに売り切りたい商品がある人

自己出品の場合は、ほかのECサービスやオークションサービスなどと併用できるのが大きなメリットの1つです。もし別のサービスも利用しているなら、商品が早く売れる可能性があります。そのため、「商品を早く売ってしまいたい」「できるだけ高く販売したい」という方は、自己出品を選択しましょう。

売り上げ予定個数が毎月49個以下の人

Amazon公式も推奨していますが、毎月49個以下の少量の商品を販売する人なら自己出品がおすすめです。自己出品は利用料こそかかりませんが、成約料が1点につき110円発生します。50個以上販売すると、FBAの月額利用料5,390円+手数料を上回ってしまうので、かえって損をすることになります。

Amazon以外の店舗でも扱う商品がある人

Amazon以外の店舗のラクマ・メルカリ・ヤフオクなどで販売する可能性があるのであれば、自己出品がおすすめです。同じ商品を複数扱っている場合は、販売チャネルを増やしておくことでさまざまなお客様を引き込むことが可能です。

いつ売っても値段が落ちないものはFBA

FBAでの出品がおすすめな人は以下の通りです。

価格調査に時間をかけられない人

FBAユーザーだけが使える「価格の自動設定ツール」を使えば、出品した商品の上限値と下限値をあらかじめ設定しおくことで、価格が指定した範囲内で自動的に調整されるようになります。多くのECサイトで出品する場合は、利益を出すために綿密な価格調査が必要ですが、価格の自動設定ツールを使えば調査にかける手間を省いてくれます。いつ売っても価格が落ちることがないので、損をする心配も不要です。

Amazonで出品をしたことがない人

Amazon出品をしたことがない人にとっては、自己出品よりも簡単に出品できるFBAがおすすめです。自己出品は、出品する際の作業や発送後の対応などやるべきことが多く、さらには注意するべきポイントも多くあり、効率よく処理するには初心者にとっては大変ハードルが高いです。しかし、FBAは一度出品すればAmazonがすべて対応してくれるため、安心して商品を出品できます。

副業でせどりを行いたい人

FBAは、副業でせどりを行いたい人におすすめです。FBAなら梱包・発送・購入者の対応などの面倒な作業を自分で行う必要がないため、時間を有効に活用できます。本業に集中したい人にもぴったりです。

梱包・発送作業に時間をかけるのが難しい人

FBAはAmazon倉庫に商品を送る必要があるものの、自己出品のように購入者用の丁寧な梱包や面倒な発送手続きを行わなくても素早く商品を発送できます。

クレーム対応が苦手な人

発送が遅かったり商品に不備があったりすると、クレームになる可能性があります。場合によっては、返品・返金・交換が必要になる場合もあるでしょう。自己出品の場合は直接自分でクレーム対応しなければならないので、本業やほかの作業にも影響してしまいます。

商品が発送される流れを知ろう

- FBA
- 自己発送

FBAを利用して出品した場合は、基本的に倉庫へ納品する以外にやるべき作業はありません。ここでは、購入者の手元に届くまでの流れを解説します。

商品が発送される流れ

FBA納品から購入者の手元に届くまでは、以下のような流れとなります。

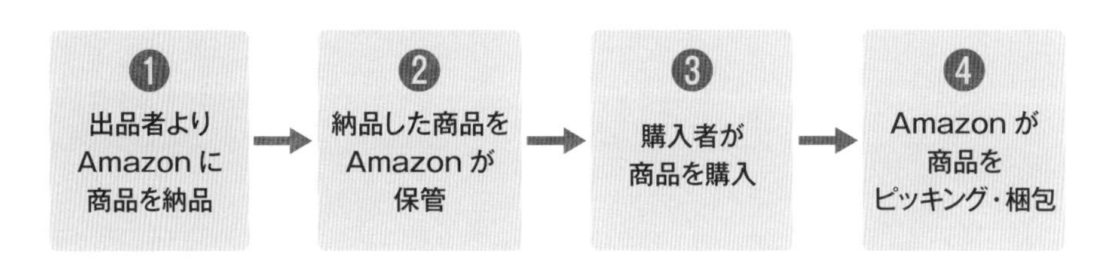

自己出品を利用した場合は以下のような流れとなります。

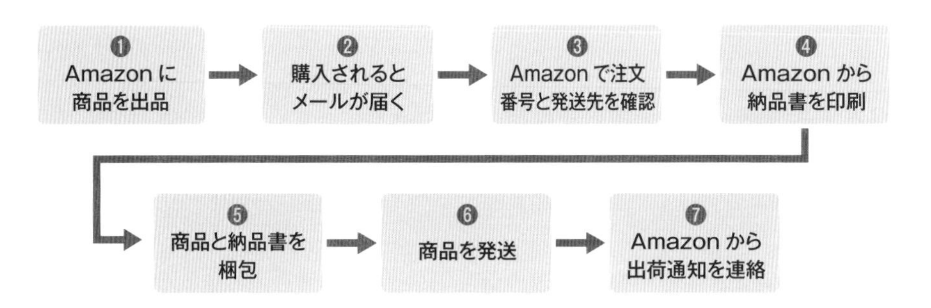

自己出品を利用する場合はFBAよりも作業工程が多いので、とにかく時間がかかります。また、Amazon出品の原則としてクレームや返品の対応は自分で行わなければなりません。

FBAの費用は決して安くありませんが、総合的に見ると自己出品の方がかえって損をする場合も多いことを理解しておきましょう。

スマホのAmazonアプリを導入しよう

Amazon Seller
導入

セラーセントラルをスマホで利用する際は、画面が見づらい人も多いのではないでしょうか。Amazonはスマホに最適化したセラー向けのアプリを用意しています。

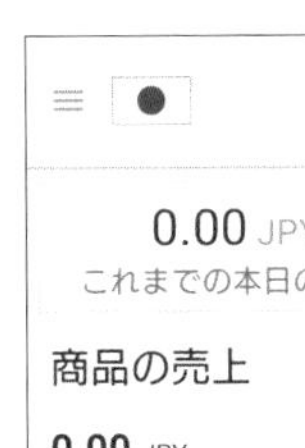

Amazon Sellerをインストールする

◀ Amazon Seller
開発者：Amazon Mobile LLC
価格：無料

「Amazon Seller」アプリは、出品・在庫管理・出荷などに関する処理のほか、売上レポートなども参照できます。

また、スマホ版ならではの特徴として、スマホのカメラで商品のバーコードを撮影し、商品の価格・ランキング・レビューをスムーズに参照できるスキャン機能も用意されています。

Memo Amazon Sellerアプリが使えない

Amazon Sellerアプリ起動後にAmazon出品用アカウントでログインしても、「登録はもう少しで完了です」というエラーが表示されてしまい、アプリを利用できない場合があります。本人確認が完了しているのであれば、アプリにログイン後しばらくすると利用できるようになるので慌てることはありません。本人確認が完了していないなら、Amazonセラーセントラルから本人確認用の書類をアップロードして本人確認を完了しましょう。

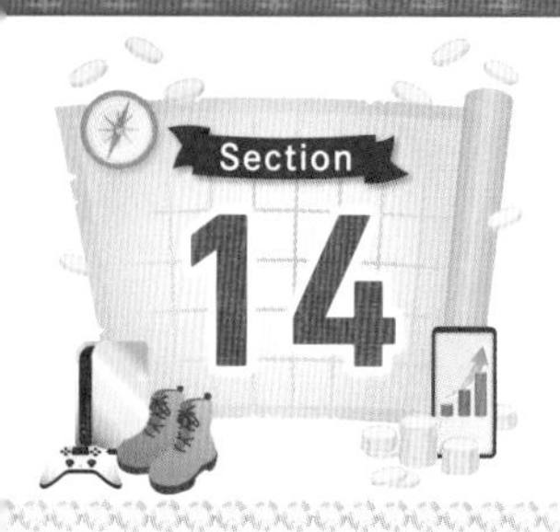

Amazonで出品用アカウントを取得しよう

- Amazonセラーセントラル
- アカウント

Amazonで販売するには、Amazonセラーセントラルに登録をする必要があります。アカウントの作成には担当者とのID確認が必要となるため、実際に運用できるまで数日ほどかかります。

Amazon出品用アカウントを取得する

1 Webブラウザで「Amazonセラー（https://sell.amazon.co.jp/）」にアクセスし、<さっそく始める>→「Amazonの新しいお客様ですか」の<次へ>をタップします。

amazon seller central
アカウントを作成
西野茜
akanenishino.0405@gmail.com
・・・・・・・・・
i パスワードの長さは最低6文字です。
パスワードを表示
次へ

2 名前、メールアドレス、パスワードを入力し、

3 <次へ>をタップします。

第2章 Amazonに出品するための準備

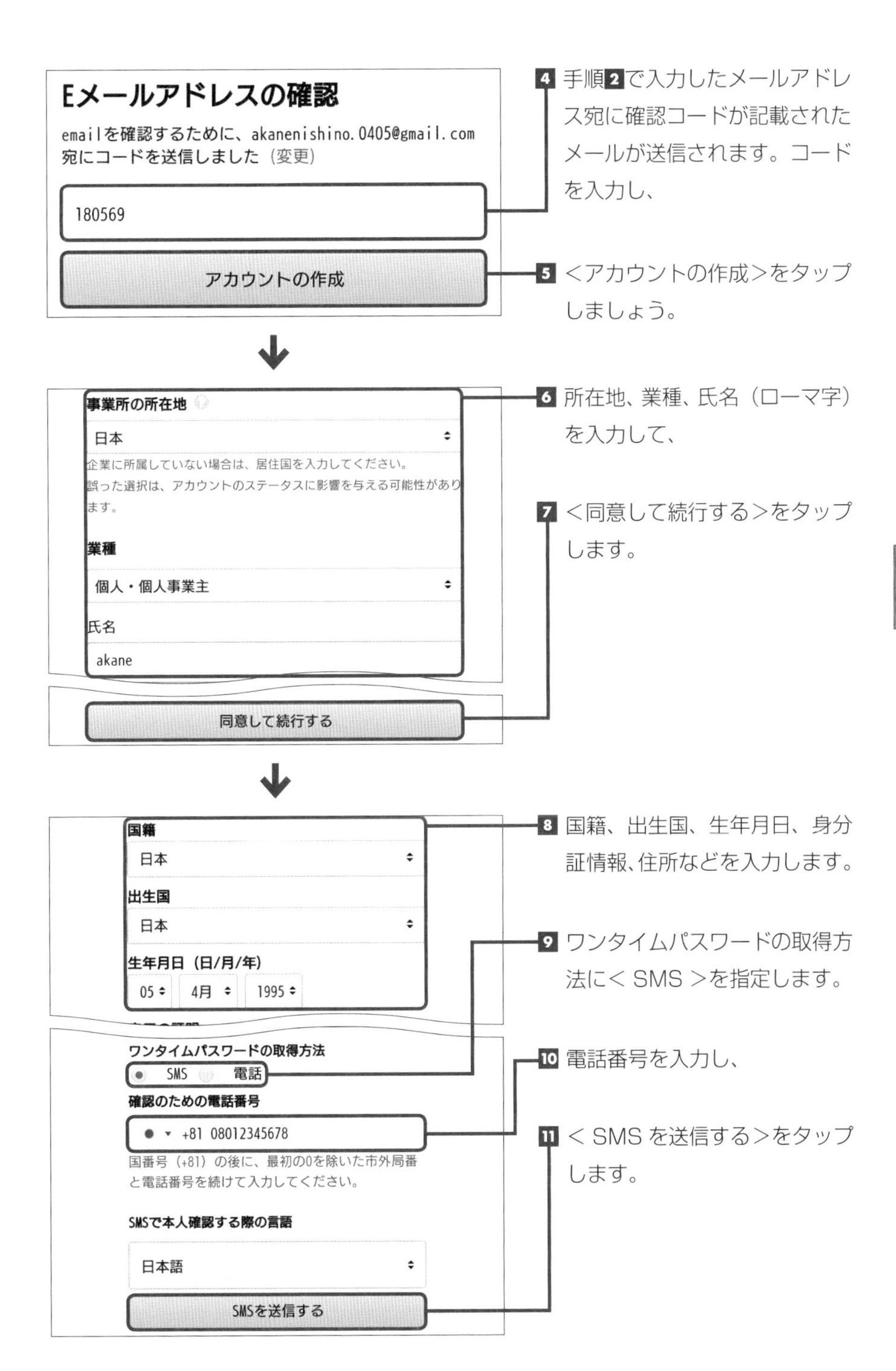

4 手順2で入力したメールアドレス宛に確認コードが記載されたメールが送信されます。コードを入力し、

5 ＜アカウントの作成＞をタップしましょう。

6 所在地、業種、氏名（ローマ字）を入力して、

7 ＜同意して続行する＞をタップします。

8 国籍、出生国、生年月日、身分証情報、住所などを入力します。

9 ワンタイムパスワードの取得方法に＜SMS＞を指定します。

10 電話番号を入力し、

11 ＜SMSを送信する＞をタップします。

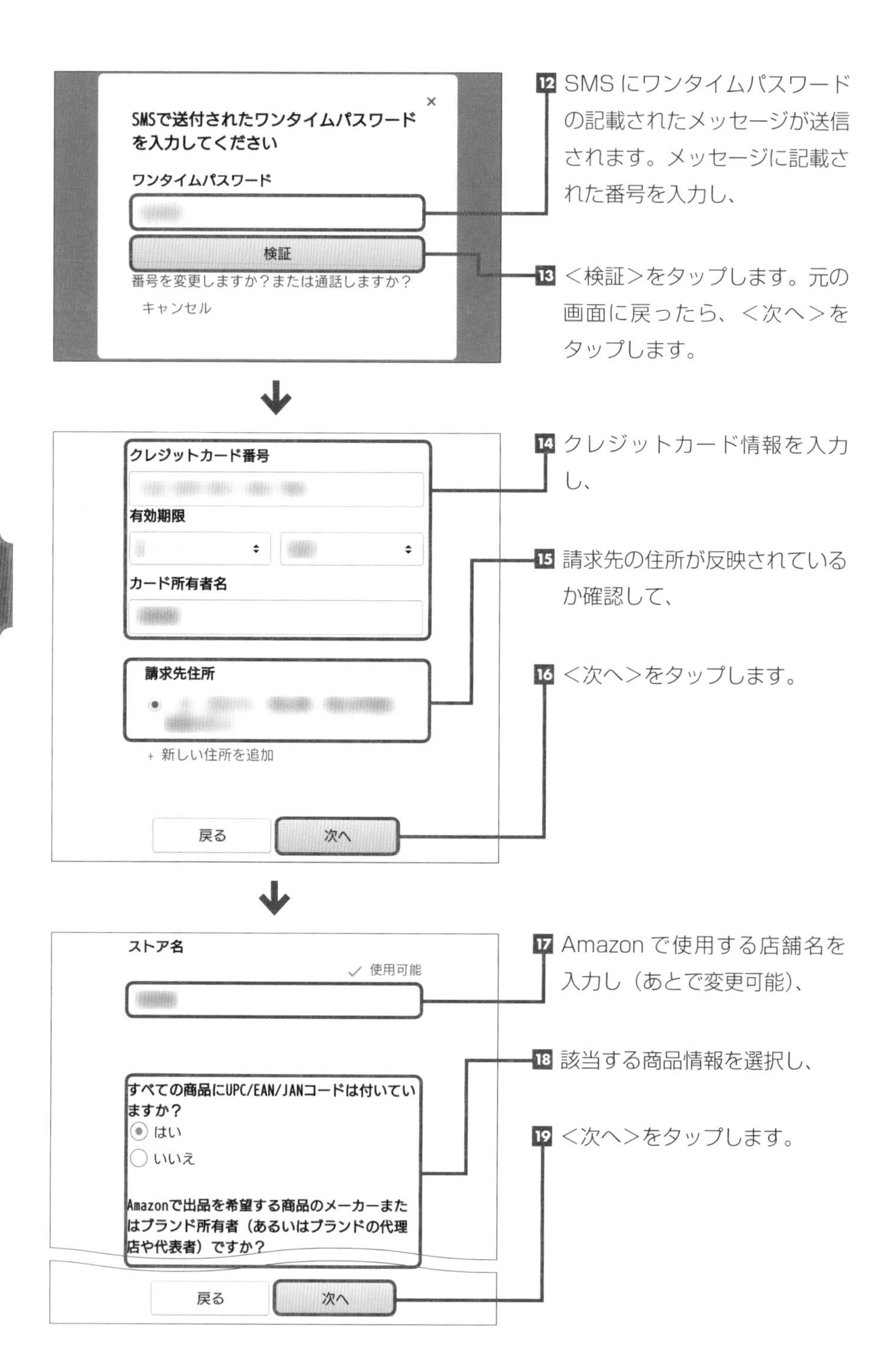

12 SMSにワンタイムパスワードの記載されたメッセージが送信されます。メッセージに記載された番号を入力し、

13 <検証>をタップします。元の画面に戻ったら、<次へ>をタップします。

14 クレジットカード情報を入力し、

15 請求先の住所が反映されているか確認して、

16 <次へ>をタップします。

17 Amazonで使用する店舗名を入力し（あとで変更可能）、

18 該当する商品情報を選択し、

19 <次へ>をタップします。

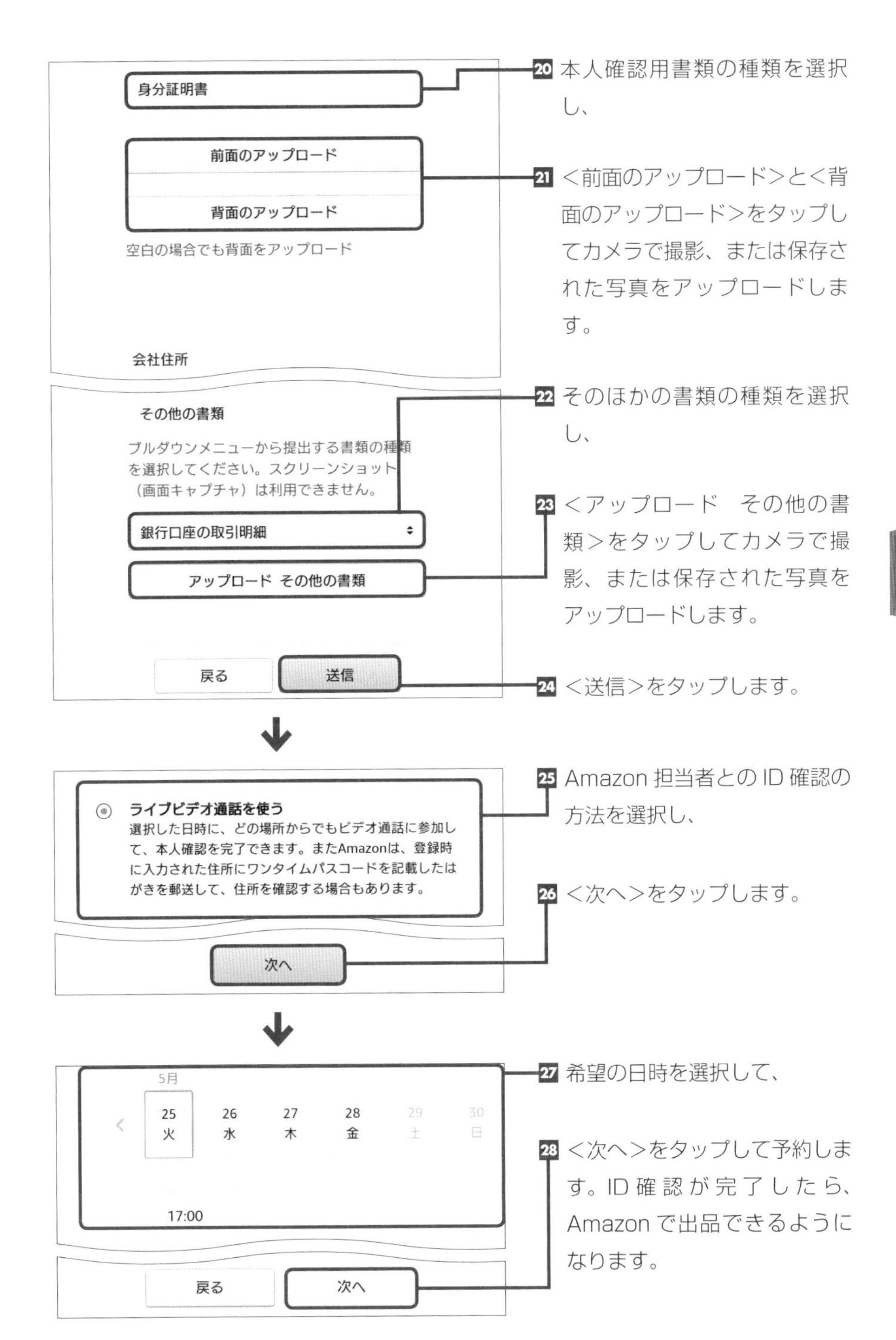
身分証明書
前面のアップロード
背面のアップロード
空白の場合でも背面をアップロード
会社住所
その他の書類
プルダウンメニューから提出する書類の種類を選択してください。スクリーンショット（画面キャプチャ）は利用できません。
銀行口座の取引明細
アップロード その他の書類
戻る
送信
ライブビデオ通話を使う
選択した日時に、どの場所からでもビデオ通話に参加して、本人確認を完了できます。またAmazonは、登録時に入力された住所にワンタイムパスコードを記載したはがきを郵送して、住所を確認する場合もあります。
次へ
5月
25 火
26 水
27 木
28 金
29 土
30 日
17:00
戻る
次へ
20 本人確認用書類の種類を選択し、
21 ＜前面のアップロード＞と＜背面のアップロード＞をタップしてカメラで撮影、または保存された写真をアップロードします。
22 そのほかの書類の種類を選択し、
23 ＜アップロード　その他の書類＞をタップしてカメラで撮影、または保存された写真をアップロードします。
24 ＜送信＞をタップします。
25 Amazon 担当者との ID 確認の方法を選択し、
26 ＜次へ＞をタップします。
27 希望の日時を選択して、
28 ＜次へ＞をタップして予約します。ID 確認が完了したら、Amazon で出品できるようになります。

出品のルールを確認しよう

出品
禁止行為

Amazonには、出品者と購入者が円滑に取引できるようさまざまなルールを設けています。違反すると、最悪の場合はアカウント停止になってしまうので注意が必要です。

商品出品に関するルール

出品禁止の商品がある

Amazonには、出品禁止に指定されている商品があります。以下は、その一部です。

- 公序良俗に反するアダルト商品
- 生きた動植物・病害虫に指定された生物・絶滅の恐れがある野生動植物およびそれらを材料とする商品
- 複製商品・コピー商品・偽物
- 違法薬物・危険ドラッグ
- 要指導医薬品・第一類医薬品
- たばこ類
- 武器および武器の模造品
- PSE マーク・PSC マークが付いていない電化製品

特定のカテゴリ・メーカーの商品を出品できない

Amazonには、一部のメーカーや商品カテゴリにおいてAmazonから許可を取らなければ出品できないルールがあります。具体的には、以下の商品カテゴリが該当します。

- ホビー
- 家電
- アパレル
- ヘルス&ビューティー
- ベビー&マタニティー
- メディア&エンタメ
- スポーツ&アウトドア

出典元・Amazon「出品許可が必要な商品」
https://sellercentral.amazon.co.jp/gp/help/external/help.html?itemID=200333160&language=ja_JP&ref=efph_200333160_relt_200332540

取引を始めたばかりの新規出品者は、少し不利な状態からのスタートとなります。しかし、販売実績や購入者からの高評価を増やせば、Amazonに申請することで出品制限が解除されます。

正確な商品情報の記載

既存の商品ページを利用して商品情報を掲載する場合は、メーカー・バージョン・互換性など正確な情報を過不足無く記載する必要があります。

本・ミュージック・ビデオ・DVD商品の発送

本・ミュージック・ビデオ・DVDは、注文確定から2営業日以内に発送しなければなりません。

禁止行為に関するルール

商品ページの重複行為

Amazonでは、販売方法がFBAかつAmazonにまだ出品されていない（カタログに掲載されていない）商品であれば、商品ページを新規に作成できます。ただし、既に同一商品が出品されている場合は重複行為になります。こうした重複行為を繰り返すと、ペナルティの対象となるので注意が必要です。

購入者への不適切な連絡行為・個人情報の取り扱い行為

Amazonでは、購入者に対して一方的にメールや電話で連絡することは禁止されています。また、発送処理などで知り得た顧客のメールアドレスや電話番号などの個人情報は、第三者との共有やAmazonでの取引以外に使用することはできません。

評価・フィードバック・カスタマーレビューの不正使用行為

近年は購入者へのなりすましやレビュー依頼など、不適切な評価を付ける事態が横行しており、問題になっています。こうした事態を重くみたAmazonは、評価・フィードバック・カスタマーレビューを意図的に操作・削除することを禁止しています。

取引後の価格操作・法外な送料の設定

取引が完了した後に、商品の価格を上げることは禁止されています。また、送料を過剰に高く設定して誤購入を招く悪質な行為もペナルティの対象となります。

FBAの メリットとデメリット

カート
プライムマーク

Amazonでの出品方法を迷っている人は、断然FBAがおすすめです。Amazon販売を開始する前に、まずはFBAのメリットとデメリットを理解してから導入を検討しましょう。

FBAのメリット

カートを取得しやすいので売り上げを伸ばせる

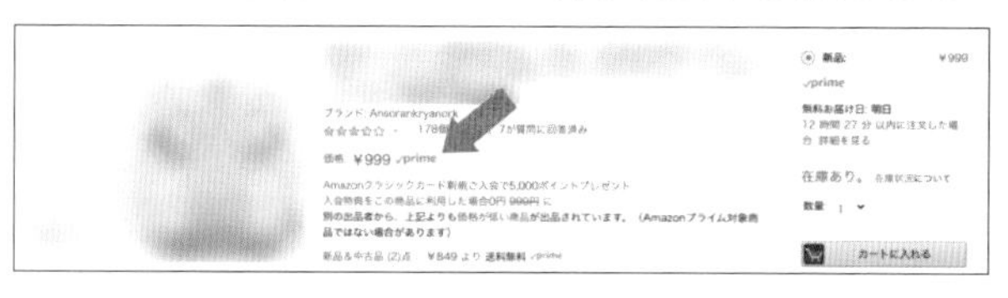

Amazonでは、基本的に1つの商品に対して複数の出品者（店舗）が相乗りして販売することになります。このとき、最初の商品ページの一番最初に表示される出品者がカート取得者になります。

FBA出品の最大のメリットが、自分が出品した商品に対して優先的にカートを取得してくれる点です。最も目立つ位置に掲載されているため、早く商品が売れやすくなります。プライム会員の多くは、商品ページの最初に表示されるプライムマークと新品の最安値価格を見て、そのまま出品者を変えずに商品を購入する傾向があります。FBA同士でライバルも多いかもしれませんが、カート取得優先度の高さは平等なので、出品してしばらくすると購入されやすいです。

優先購入されやすいプライムマークを付けられる

✓prime

Amazonに出品されている商品の中には、プライムマークと呼ばれるマークが付いたものがあります。プライムマークとは、Amazonの有料会員であるプライム会員だけが利用できる次のようなメリットがあります。

・送料無料でお急ぎ便・日時指定便が利用できる
・返品・交換対応が早い
・マークが付いているので安心感がある

梱包・発送作業をAmazonが代行してくれる

FBAの場合は、梱包・発送作業を自分で行う必要がありません。商品をFBA倉庫に納品すれば、後は商品が購入されたときに梱包・発送作業をAmazonで代行してくれます。急な発注でも急いで梱包·発送作業をしたりすることなく、余った時間を有効活用できます。そのため、忙しい方におすすめです。

在庫の保管が不要

FBAは商品をAmazonの倉庫で保管してくれます。自宅に商品在庫用の保管スペースも用意する必要もなく、商品も管理する必要もありません。

発送後の対応もAmazonが行う／購入者からの評価が高い

FBA出品した商品は、注文後の対応もAmazonが行ってくれます。商品購入後には、「商品が届くのが遅い」「届いた商品が壊れている」などのクレームが送られてくることもあります。その際、Amazonカスタマーサービスがいつでも顧客対応をしてくれるため、出品者は何もする必要がなく安心です。

FBAのデメリット

高額な手数料がかかる

FBA最大のデメリットとしては、配達代行手数料がかかることが挙げられます。FBAの手数料の中には、手数料の種類が「配送代行手数料」と「在庫保管手数料」の2種類があります。長期間利用すれば、かなりの負担額になるでしょう。手数料を回収するためにも、コンスタントに売れる商品を販売していく必要があります。

納品した商品の反映が遅れる可能性もある

AmazonのFBA倉庫には日々膨大な数の商品が送られてくるため、せっかく商品を送ってもデータの反映が遅れることも少なくありません。そのため、商品が高く売れそうな販売機会を逃す可能性もあります。

出品や販売にかかる手数料について理解しよう

- 販売手数料
- 成約料

Amazonに出品すると、さまざまな手数料が発生します。損をしないためにも、ここで解説する各手数料のしくみを理解しておきましょう。

Amazon出品・販売にかかる手数料

Amazonで販売する手数料の種類はたくさんあります。それぞれの手数料について詳細を見ていきましょう。

月間登録料 FBA

自己出品はAmazon出品サービスの月額登録料が無料ですが、FBAは月額登録料が5,390円発生します。

基本成約料 自己出品

自己出品は、販売する商品ごとに110円の手数料が発生します。FBAは基本成約料が無料です。

販売手数料（商品カテゴリー別販売手数料） 自己出品 FBA

Amazonに出品した商品には、商品カテゴリー別販売手数料または最低販売手数料が発生します。算出された金額に基づき、どちらか多い方を支払うしくみです。

販売手数料（カテゴリー別成約料） 自己出品 FBA

本やCDジャンルなど一部のカテゴリーの商品が購入された場合は、上記の商品カテゴリー別販売手数料に加えてカテゴリー別成約料も発生します。カテゴリー別成約料は、商品カテゴリーや発送する地域によって金額が異なります。

■大量出品手数料 FBA

毎月200万点以上の商品を出品する場合は、大量出品手数料として1SKU（識別コード）ごとに0.05円が発生します。

■FBA配送代行手数料 FBA

FBAを利用している場合は、商品1点につき290円～ 5,625円の配送代行手数料が発生します。配送代行手数料は、商品のサイズや重さによって異なります（https://sellercentral.amazon.co.jp/gp/help/external/ABBX6GZPA8MSZGW)。

■在庫保管手数料 FBA

Amazon FBA倉庫に保管した全ての商品に、月額で在庫保管手数料が発生します。

■長期在庫保管手数料 FBA

Amazon FBA倉庫に保管中の在庫には、上記の月額保管手数料に加えて長期在庫保管手数料も発生します。

■FBA在庫の返送／所有権の放棄手数料 FBA

Amazon FBA倉庫に保管中の在庫商品を返送または廃棄してもらうには、商品1点につき返送・廃棄手数料がかかります。

■購入者返品手数料 FBA

Amazonが返送料無料サービスを提供している商品には、購入者返品手数料が発生します。

■在庫保管超過手数料 FBA

在庫保管制限を超過した場合には、手数料が請求されます。

Memo **Amazonの手数料改定**

Amazonでは2021年6月16日より配送代行などの手数料改訂を発表しました。詳しくはWebサイト（https://sellercentral.amazon.co.jp/gp/help/external/2014113000）を参照してください。

Amazonに商品登録をしよう

FBA
危険物

FBAを利用するには、商品の出品時に納品プランをFBAに指定しておく必要があります。納品プランは後からでも変更できますが、すぐに商品が売れてしまうと面倒なので注意しましょう。

FBAを利用して出品する

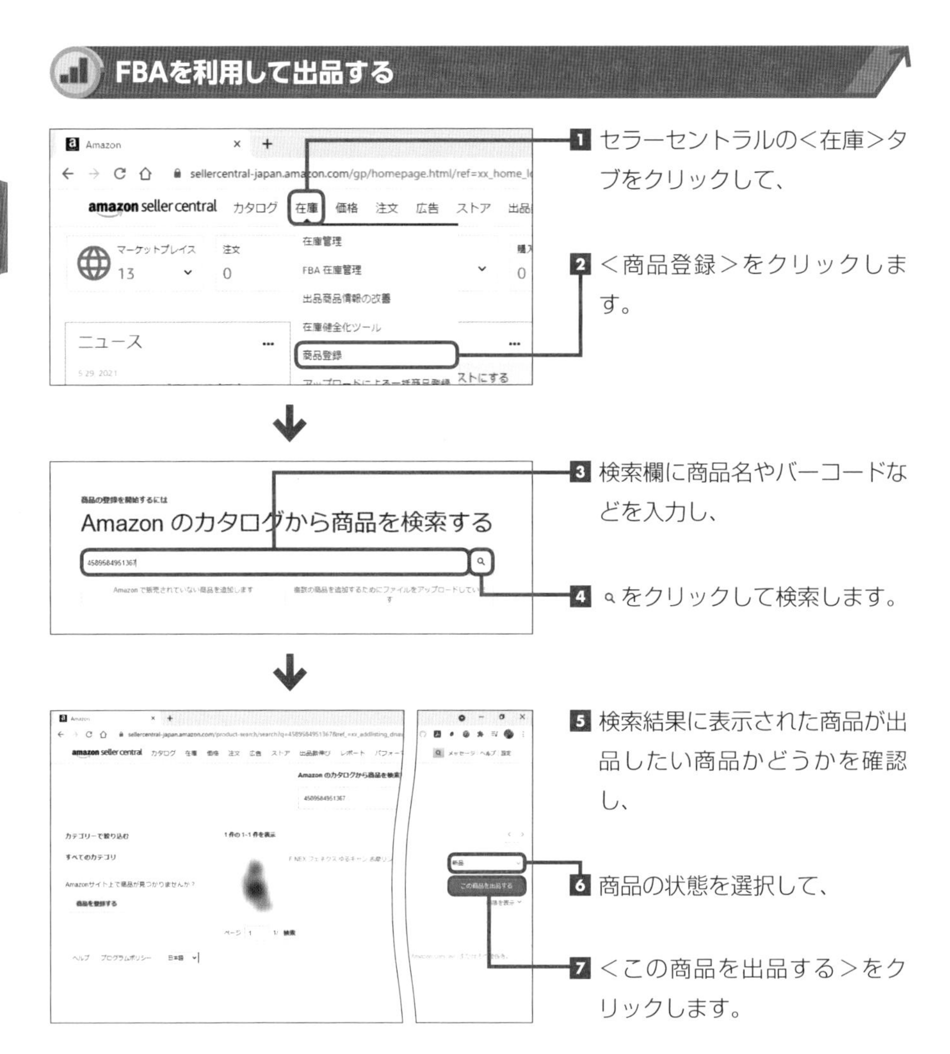

1 セラーセントラルの<在庫>タブをクリックして、

2 <商品登録>をクリックします。

3 検索欄に商品名やバーコードなどを入力し、

4 🔍をクリックして検索します。

5 検索結果に表示された商品が出品したい商品かどうかを確認し、

6 商品の状態を選択して、

7 <この商品を出品する>をクリックします。

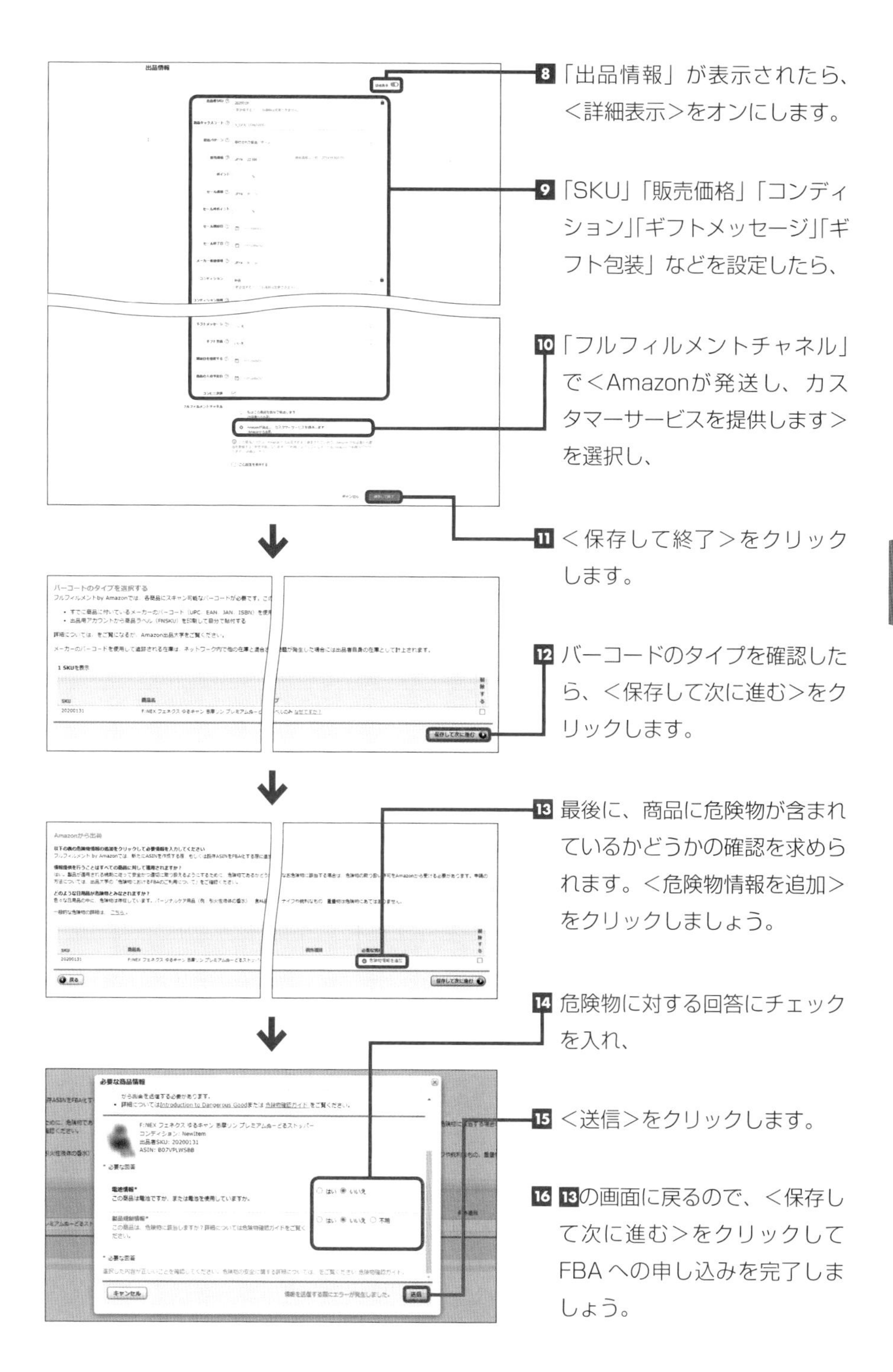

8 「出品情報」が表示されたら、＜詳細表示＞をオンにします。

9 「SKU」「販売価格」「コンディション」「ギフトメッセージ」「ギフト包装」などを設定したら、

10 「フルフィルメントチャネル」で＜Amazonが発送し、カスタマーサービスを提供します＞を選択し、

11 ＜保存して終了＞をクリックします。

12 バーコードのタイプを確認したら、＜保存して次に進む＞をクリックします。

13 最後に、商品に危険物が含まれているかどうかの確認を求められます。＜危険物情報を追加＞をクリックしましょう。

14 危険物に対する回答にチェックを入れ、

15 ＜送信＞をクリックします。

16 **13**の画面に戻るので、＜保存して次に進む＞をクリックしてFBAへの申し込みを完了しましょう。

自己出品のしくみと流れを知ろう

自己出品
流れ

自己出品は、お客様からの受注後に商品の梱包や発送などすべて自分で行わなければなりません。ここでは、自己出品のしくみと全体の大まかな流れを解説していきます。

自己出品のしくみと流れ

自己出品は、大きく5つのステップがあります。

自己出品の流れ

Step1：商品登録・在庫数調整（商品を自宅で保管・出品）
Step2：注文確認（購入者が商品を購入）
Step3：梱包
Step4：発送（配送業者へ引き渡し、商品を出荷）
Step5：入金

Step1：商品登録・在庫数調整

自己出品は新規商品の出品ができないため、基本的に**既存の商品へ相乗り出品**する形式になります。まずは出品したい商品名などで検索し、出品したい商品と同じ商品を見つけたら、商品情報を入力して出品します。自己出品では「在庫数」を必ず記入しなければなりません。また、「フルフィルメントチャネル」の項目を「私はこの商品を自分で発送します」にチェックを入れましょう。

Step2：注文確認

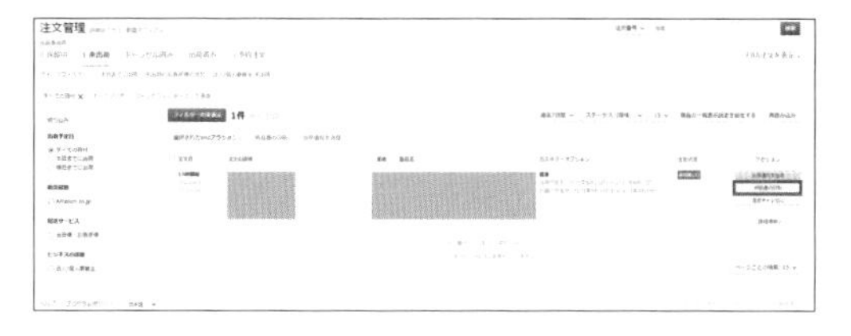

出品した商品が購入されると、セラーセントラルに登録したメールアドレスへ通知されます。セラーセントラルの注文管理画面から該当する商品の納品書を印刷しておきます。

Step3：梱包

商品を梱包します（梱包の詳細はSection20で解説）。このとき、Step2で印刷した納品書も同梱することを忘れないでください。

Step4：発送

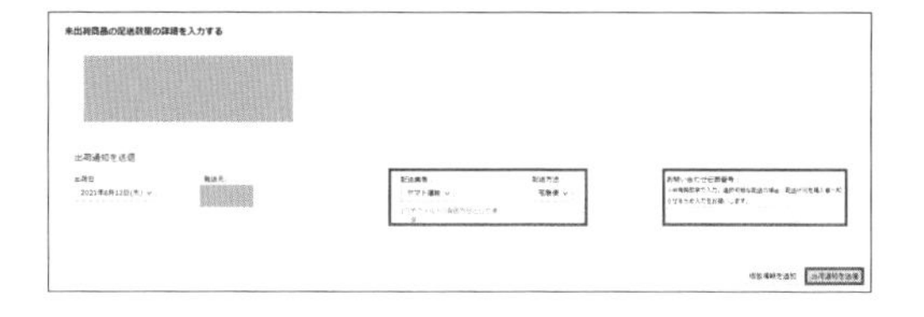

梱包したら、続いて発送を行います。発送方法は宅配便やメール便など様々な種類がありますが、梱包した状態の商品の大きさ・重さを測った上で最安値の発送方法を選択することが、送料を安く抑えるコツです。商品を発送したら、セラーセントラルでお客様に出荷通知を送信しましょう。

Step5：入金

商品がお客様の手元に届いたら、取引は完了です。自己出品の場合は、売上金が入金されるまで2週間かかります。

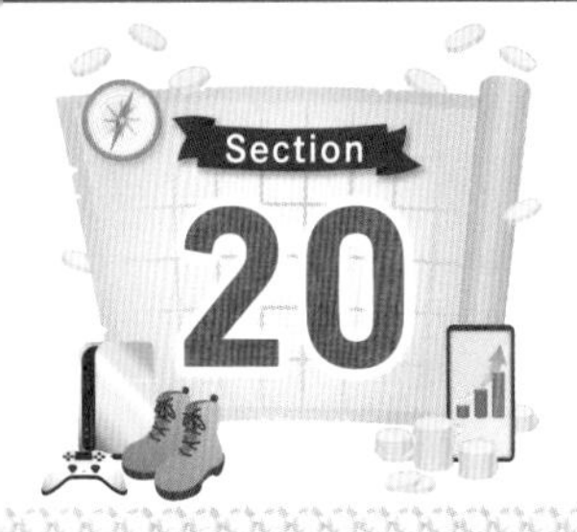

FBAのしくみと流れを知ろう

FBA
流れ

FBAの場合は、受注後の商品の検品・梱包・発送、在庫管理などの面倒な作業をすべてAmazonが代行してくれるので大変便利です。

FBAのしくみと流れ

FBAは、大きく6つのステップがあります。

FBAの流れ

Step1：商品登録・納品プラン作成
Step2：Amazonに納品／補充手続き
Step3：梱包
Step4：Amazon倉庫へ納品
Step5：納品完了メール（Amazonが管理・保管）
Step6：入金（商品が購入されるとAmazonが商品を梱包し、出荷）

Step1：商品登録・納品プラン作成

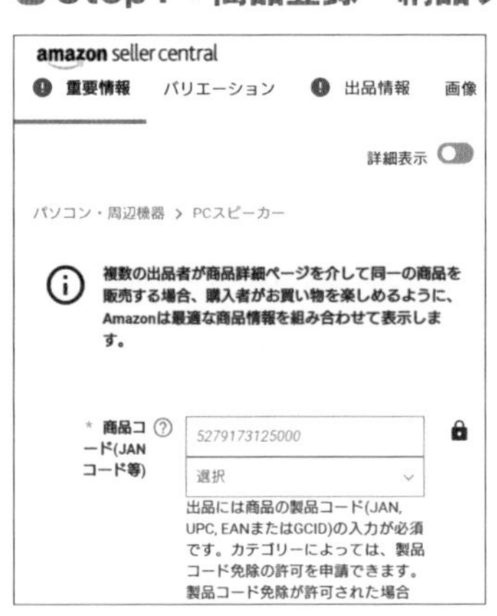

FBAは**既存の商品へ相乗り出品**するだけでなく、Amazonのカタログに掲載されていない**新規の商品も出品**できます。まずは出品したい商品名などで検索し、商品登録画面で商品の情報を入力して出品します。また、「フルフィルメントチャネル」の項目を「Amazonが発送し、カスタマーサービスを提供します」にチェックを入れましょう。また納品プランを作成する必要があり、数量や梱包、発送元などのラベルなどを登録します。プラン作成は基本的には選択式なので難しくはありません。

Step2：Amazonに納品／補充手続き

Amazonセラーセントラルから納品／補充手続きを行います。画面の指示に従って、納品する箱の個数·サイズ·重量・配送予定日などの情報を入力して配送用のラベルを印刷します。

Step3：梱包

商品を梱包します（梱包の詳細はSection22で解説）。自己発送ほど綺麗にする必要はありませんが、商品が壊れないようしっかり梱包することが大切です。輸送箱には、Step2で印刷した配送ラベルを貼り付けることを忘れないでください。

Step4：Amazon倉庫へ納品

梱包したら、続いて発送を行います。発送業者は、必ずStep2で指定した業者を利用してください。商品を発送したら、セラーセントラルから出荷通知を行います。

Step5：納品完了メール

Amazon倉庫に商品が届いたら、納品完了メールが送られてきます。商品ページに反映されているか確認しておきましょう。納品後は、Amazonでの販売が開始されます。

Step6：入金

納品後は、在庫補充以外に出品者が行うことはとくにありません。商品が購入されてお客様の手元に届いたら取引は完了です。FBAの場合も、売上金が入金されるまで2週間かかります。

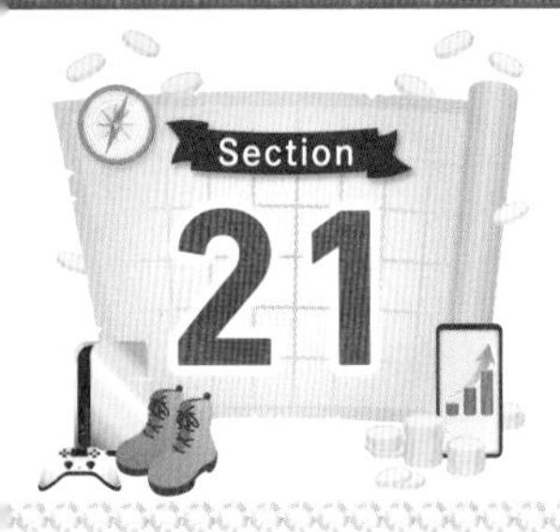

セラーセントラルの画面を見てみよう

🔑 セラーセントラル
🔑 グローバルアカウント

出品用アカウントの作成が完了すると、セラーセントラルを利用できるようになります。円滑な取引ができるよう、主要なメニューの見方などマスターしておきましょう。

セラーセントラルの画面の見方

本項では、パソコン版セラーセントラルの画面の見方を解説します。なお、スマホ版もほぼ同じ画面構成になっています。

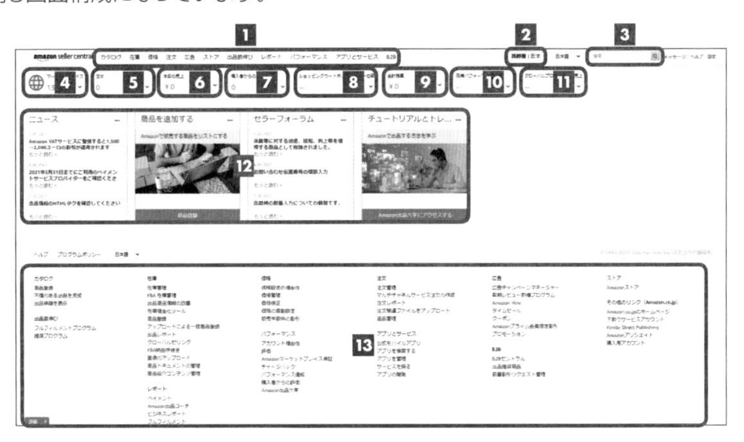

1 管理メニュータブ

11種類の管理メニューから構成されています。

2 マーケットアカウント

ログインしている国のグローバルアカウントが表示されます。プルダウンから任意の国のマーケットアカウントへ切り替えできます。なお、グローバルアカウントは必ず閉鎖をしておきましょう（こちらの動画から閉鎖方法を確認できます（https://www.youtube.com/watch?v=dC-sO8UZcNI&ab_channel=%E6%A5%93%E3%81%AE%E3%81%9B%E3%81%A9%E3%82%8A%E5%A1%BE%E3%83%81%E3%83%A3%E3%83%B3%E3%83%8D%E3%83%AB)）。

❸検索欄

キーワードを入力することで、ヘルプやフォーラムの回答を調べることができます。

❹マーケットプレイス

出品可能な他国のマーケットを確認できます。

❺注文

各マーケットの未出荷の注文件数、保留中の注文件数、保留中のFBA注文件数を確認できます。

❻本日の売上

当日の売上金額の合計や各マーケットでの当日売上を確認できます。

❼購入者からのメール

購入者からの問い合わせメールを各マーケットごとに確認できます。

❽ショッピングカートボックスでの一位率

出品中の商品のカート取得率を各マーケットごとに確認できます。

❾合計残高

出品用アカウントの売上・登録料・返金などを算出して手元に残った残高を、各マーケットごとに確認できます。

❿在庫パフォーマンス指標（IPI）

FBAに預けている商品在庫のパフォーマンスを4段階で評価します。

⓫グローバルプロモーション売上

複数のマーケットに出品している場合に、クーポンやタイムセールなどを利用して得られた売上金を確認できます。

⓬メニュー画面

ニュースやマーケットに商品を追加するメニュー、フォーラムの投稿、チュートリアルが表示されています。

⓭全メニュー一覧

セラーセントラルの全メニューがカテゴリーごとにまとめられています。

商品梱包のコツを知ろう

- 梱包
- 資材

商品を発送する場合は、破損しないようしっかり梱包する必要があります。ただし、自己出品でお客様に発送する場合とFBAでAmazon倉庫に発送する場合は梱包の注意点が異なります。

商品梱包のコツ

自己出品とFBAの梱包はテーマが違う

自己発送はお客様へ直接発送することになります。運搬時の衝撃から守るためにしっかり梱包するのは当然ですが、**見た目にも細心の注意を払う必要があります**。商品・出品者評価にも直結するので念入りに行いましょう。

また、FBA倉庫に納品発送する場合は、自己発送ほど丁寧に行う必要はありません。**運搬時の衝撃から守ることに注力しましょう**。

梱包資材を準備する

商品の出品前には、以下の梱包資材や道具を用意しておくことをおすすめします。

- ダンボール
- ガムテープ
- 封筒
- エアキャップ
- 緩衝材
- はさみ
- カッターナイフ
- OPP袋

商品を検品・クリーニングする

梱包する前に、商品が汚れたり破損したりしていないかをしっかり確認しておきましょう。とくに、一度開封したことのある中古品を出品する場合は丁寧にクリーニングしておくことをおすすめします。

■商品をエアキャップで包む

商品の輸送中は、落下や雨濡れなどの事故が起こる可能性があります。破損や水漏れを防ぐためにも、商品はエアキャップで包むのが基本です。

■OPP袋に入れる（※自己出品のみ）

自己出品の場合は、エアキャップで包んだ商品をOPP袋に入れると見栄えが良くなります。

■梱包資材の再利用

自己出品は自分で梱包した商品が直接お客様の手元に届きます。そのため、再利用したダンボールや封筒などを使うと見た目もよくないため評価が下げられる可能性もあります。できるだけ新品の梱包資材を利用しましょう。

FBAの場合は見た目にこだわる必要はないため、費用を抑えるためにも再利用した梱包資材の利用がおすすめです。

■隙間には緩衝材を入れる

箱の中に隙間がある場合は、輸送時に商品同士がぶつかり合い、破損の原因になります。エアキャップや新聞紙などで隙間を埋めましょう。

■複数の商品を入れる場合は重い商品を下に

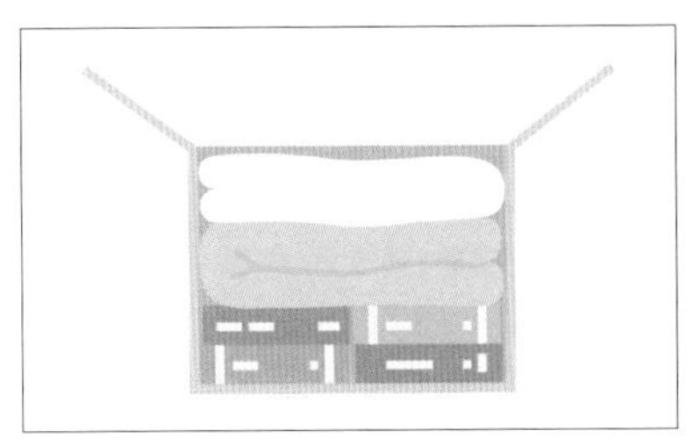

1つの箱に複数の商品を詰める場合は、重い商品から下に入れていくのがコツです。ただし、詰め込みすぎても箱が破損する可能性があるため、小さい箱に分けて複数口扱いにする方が安全です。

Memo　FBAで出品者がFBA倉庫に送る場合

FBA倉庫に送る場合は、何個かの商品をまとめて送る場合が多いですが、まず一つ一つの商品を丁寧に梱包する必要はありません。配送している時に商品が動いて、商品同士が破損しないようにするのが大切なので、商品が動かないように商品同士の間に緩衝材をしっかり入れることが大切です。緩衝材で使えるものは決まっているのでしっかりAmazonの規約を確認しましょう。

Amazonに商品を発送しよう

- 在庫管理画面
- 納品プラン

FBA納品に指定して出品したら、納品プランを作成してFBA倉庫へ出荷しましょう。情報を入力し、梱包した商品にラベルを貼り付けて出荷すれば、あとはAmazonが発送してくれます。

FBA倉庫に商品を発送する

FBAを利用して出品した場合の大まかな発送の流れは以下の通りです。

第2章 Amazonに出品するための準備

FBA発送の流れ

Step1：在庫管理画面から納品／補充手続きに進む
Step2：発送元の住所・梱包情報・発送数を設定する
Step3：梱包グループの輸送箱個数・寸法・重量を設定する
Step4：出荷日・配送業者を設定する
Step5：ラベルを印刷する
Step6：商品を FBA 倉庫に出荷する

Step1：在庫管理画面から納品／補充手続きに進む

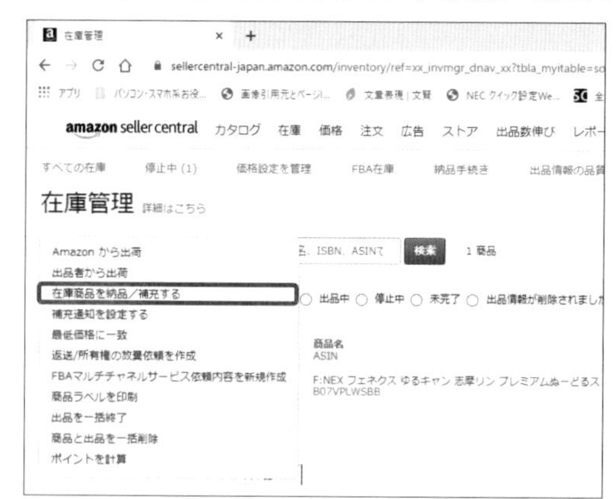

<在庫>→<在庫管理>の順にクリックして、在庫管理画面を表示します。発送したい商品にチェックを付け、<選択中の（数字）商品を一括変更>→<在庫商品を納品／補充する>をクリックして、納品／補充手続きに進みましょう。

Step2：発送元の住所・梱包情報・発送数を設定する

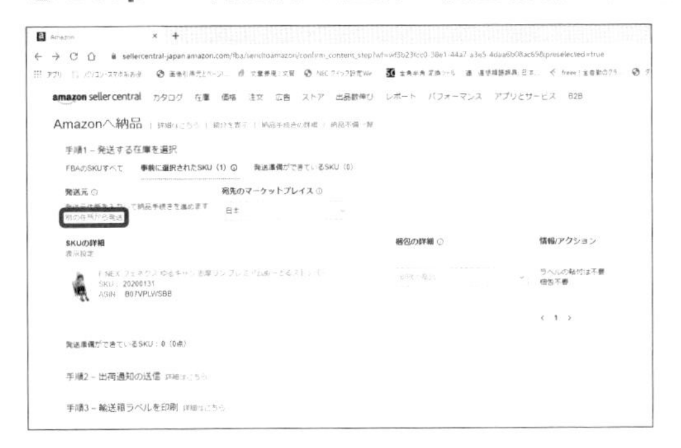

「納品プラン作成」画面が表示されます。初回は発送元の住所が登録されていないため、まずは＜別の住所から発送＞をクリックして、住所の設定を行います。

＜連絡先を追加＞をクリックして、商品発送元の住所を設定しておきましょう。設定後は一覧に住所情報が保存されるので、該当する住所の＜選択＞をクリックして住所情報を反映します。

続いて、＜必要な梱包準備とラベルの貼付の詳細＞をクリックします。

「各ユニットの梱包」で商品の梱包レベルを選択します。「誰が商品の梱包準備をしますか?」で＜Amazon（ユニットあたりの手…）＞を選択し、最後に＜保存＞をクリックして梱包情報を反映しましょう。

「梱包の詳細」で＜個別の商品＞を指定し、「商品数」に発送する箱の個数を入力して、＜梱包準備完了＞をクリックします。

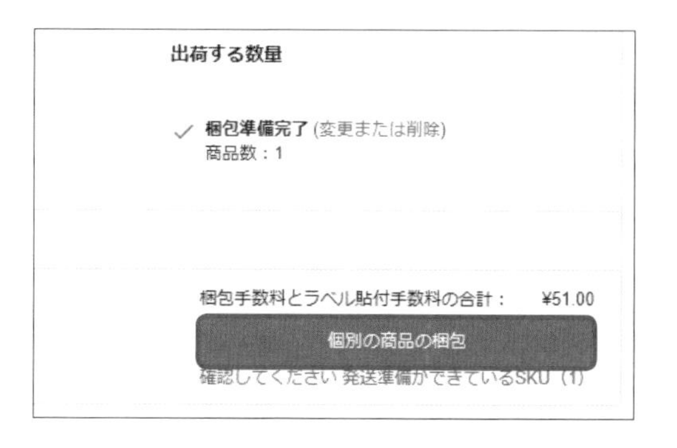

＜個別の商品の梱包＞をクリックして、発送元の住所・梱包情報・発送数の設定を完了します。

Step3：梱包グループの輸送箱個数・寸法・重量を設定する

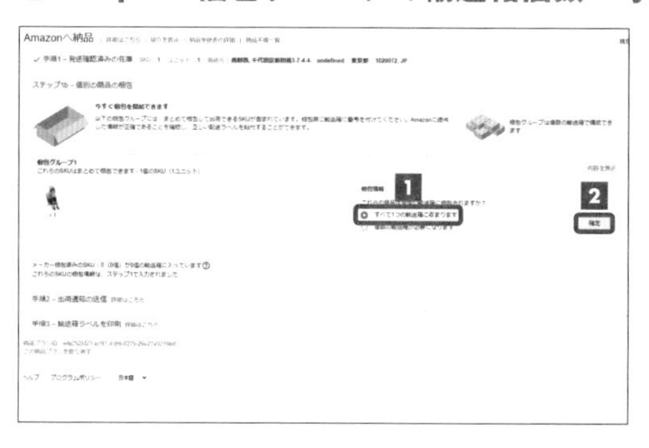

複数の商品を発送する場合に、まとめて梱包して出荷できる出荷グループが表示されます。梱包する際は、同じグループの商品をできるだけ同じ箱にまとめる必要があります。同グループの箱の個数を選択し、＜確定＞をクリックしましょう。

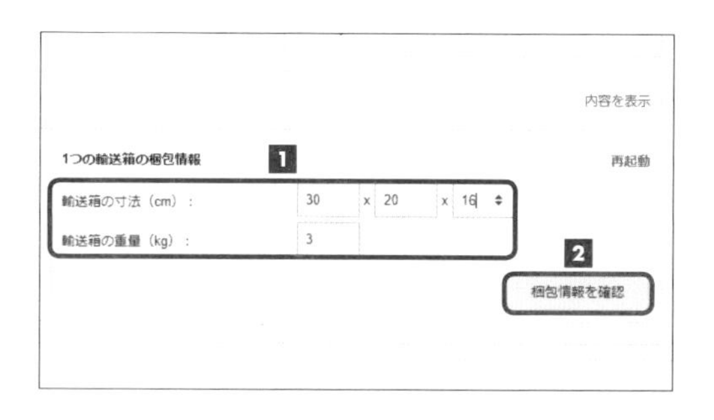

梱包した箱のサイズと重量を入力し、＜梱包情報を確認＞をクリックします。

＜確定して続ける＞をクリックして、梱包グループの輸送箱個数・寸法・重量の設定を完了します。

Step4：出荷日・配送業者を設定する

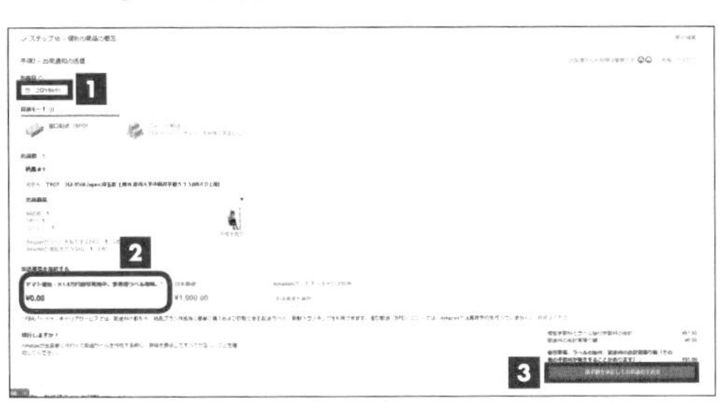

続いて、「出荷日」をクリックして出荷予定日を設定します。配送業者を選択したら、＜請求額を承認して出荷通知を送信＞をクリックします。

Step5：ラベルを印刷する

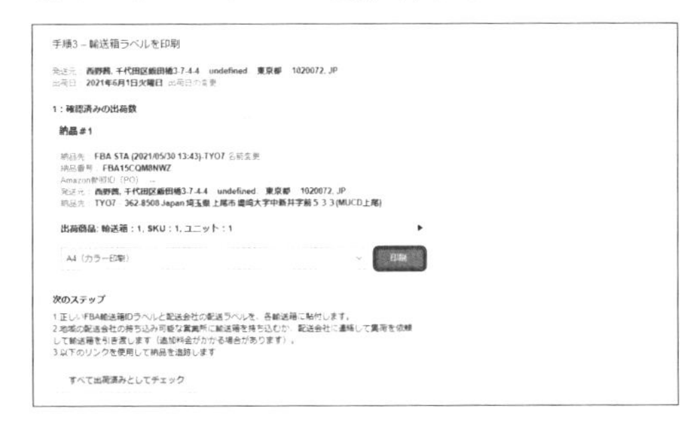

ここまで設定した情報が正しく反映されているかを確認したら、＜印刷＞をクリックしてラベルを印刷します。

Step6：商品をFBA倉庫に出荷する

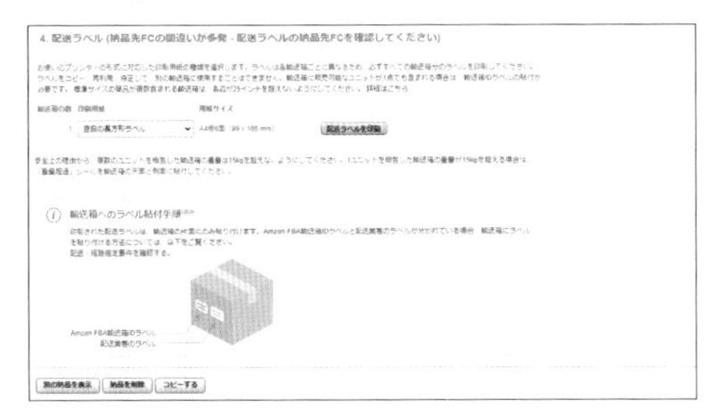

印刷したラベルを梱包した輸送箱に貼り付け、指定した配送業者で配達してもらいましょう。出荷が完了したら、Step6の画面で＜すべて出荷済みとしてチェック＞をクリックして、Amazonに出荷通知を送信しましょう。

自己出品で値段が高いうちに売り切るテクニック

自己出品は最もリスクの少ない販売方法ですが、FBAと比較すると売れやすさは不利とされています。しかし、諦めることはありません。自己出品の人でも、本項で解説するテクニックを使えば高値で売り切ることも充分可能です。

●ほかのサービスと併売する

Amazonで自己出品する場合はメルカリなどほかのECサイトでの併売をおすすめします。Amazonでなかなか売れなくても、ほかのECサービスで早く売れる可能性もあります。商品を早いうちに売り切りたいなら併売を活用してみましょう。

●Keepaで価格の推移をチェックする

Amazonで販売されている商品は、需要と供給のバランスによって常に価格が変動しています。そのため、仕入れた時は利益率が高くても、出品する際には利益率が下がっていたというケースも少なくありません。需要が最大に高まったタイミングで高値を付ければ最大の利益を上げられます。しかし、自己出品はFBAのような価格自動設定ツールが利用できないため、最適なタイミングに合わせて自分で価格を設定しなければならないため、リアルタイムでこのような売り時を見極めるのに便利なのが、Amazonに出品された対象商品の過去1年間の価格推移を参照できる「Keepa」というツールです。Keepaをチェックし、相場価格が高くなったタイミングになった時に合わせて価格を設定すれば損をしません。Keepaの使い方については、本書3章「価格推移検索ツールの使い方」で詳しく解説します。

第3章 価格推移検索ツールの使い方

価格推移検索ツールを使う必要性

価格推移検索ツール
Amazon

Amazonせどりを行う上で価格推移検索ツールの使用を推奨します。ここでは、なぜ価格推移検索ツールが必要なのか4つのメリットを解説します。

価格推移検索ツールを使うメリット

Amazon全商品の販売価格をリアルタイムで追跡

Amazonの販売価格は、常に変動しています。Amazonを検索すれば商品ページで現在の価格・高値・安値をかんたんに調べることはできます。しかし、どのようなタイミングで価格が変動したか過去のデータまではわかりません。その点、価格推移検索ツールを使えば、過去から現在までのAmazon販売価格の推移をグラフや数値で可視化できます。高値になったタイミングで出品する、安値になったら値下げ競争に巻き込まれないよう出品のタイミングをずらすなど、効果的な販売戦略を立てられるので大変便利です。

自分の勘のみで仕入れることを防止できる

せどり初心者がよく起こしやすいミスとは、回転率の悪い商品を自分の勘のみで仕入れていることです。何も知識がない状態で店舗せどりをする際、無駄足になることを恐れて回転率の悪い商品を仕入れてしまうケースはよくあります。これではかえって損をしています。せどりで稼ぐためには、過去の売れ行きや価格の推移を元に、回転率のよい商品を仕入れる必要があるのです。このような商品をリサーチして効率よく仕入れるのに、価格推移検索ツールが非常に役立ちます。一般の人がせどりをする時に思い浮かぶリスクとして、「もし仕入れた商品が売れなかったらどうしよう」ということがあると思います。その部分のリスクを限りなく小さくしてくれるのが、このKeepaになります。

先程説明した通り、このKeepaではAmazonで売っている商品の過去の売れ行きや価格推移を見ることができるため、もし仕入れようとしている商品をこのKeepaで見て売れていなければ、その商品を仕入れなくてよく、事前に在庫リスクを回避することが可能です。

このKeepaがあるからこそ、せどりは低リスクの副業と言えます。

在庫切れ商品をチェックできる

Amazonせどりを行う上では、在庫切れ商品のチェックは欠かせません。Amazonの在庫切れ商品とは、Amazon直販で品切れ状態の商品のことを意味します。Amazon直販の在庫切れ商品が狙い目な理由は、以下の2つです。

- **Amazon がライバルでは勝ち目がない**
- **在庫切れ＝需要がある商品**

Amazonがライバルでは勝ち目がない

Amazon直販で在庫があるということは、すなわち同商品のライバルとしてAmazonが存在します。Amazon直販といえば、圧倒的な物量とスピーディーな配送が特徴です。これでは勝ち目がない上、Amazon直販は定価よりも安く販売されていることが多いです。必然的にAmazonにカートを取られてしまうため、ほぼ勝ち目がありません。

在庫切れ＝需要がある商品

Amazon直販での在庫が切れているということは、今現在、Amazon在庫でも賄いきれないほどに需要が伸びているという証拠です。Amazonとはいえ、在庫の補充には時間がかかります。Amazon在庫の状況をしっかり把握して事前に仕入れをしておけば、需要はあるけどAmazon直販にはない場合に我々せどら一の独壇場になるわけです。このような理由から、Amazon在庫切れの商品をチェックすることは、せどりを行う上では必須と言われています。

Amazon直販がいても仕入れる場合について

Amazonがいても仕入れる場合は、回転がよい商品かつ利益幅がそこそこあるときです。Amazon直販がいる場合、やはりカートを取られてしまうことが多いです。

そのため回転が低い商品だと中々自分の商品が売れませんが、回転が高い商品はAmazon直販がいても売れることはよくあります。また、価格差についてですが、Amazon直販がいる場合、自分の商品を売るための戦略として値下げをするというのがありますが、利益幅が小さすぎる商品だと値下げをすると赤字になってしまいます。ですので、Amazon直販がいる場合の仕入れ基準として、「回転がよい商品」「利益幅がそこそこある」、この2つを満たしているかどうかを確認しましょう。

Keepaの特徴を知ろう

Keepa
特徴

価格推移検索ツールは有料から無料まで多数のサービスがあります。その中で、最もおすすめしている価格推移検索ツールが「Keepa（キーパ）」です。

Keepaの特徴

Keepaは、keepa.comが提供するAmazonの価格推移検索ツールです。主な特徴は以下の通りです。

- パソコン＆スマホで利用可能
- 一部の機能は有料
- 価格履歴を確認できる
- 商品のデータを表示できる
- バーコードでAmazon製品を検索できる
- 価格下落アラートを設定できる

各特徴を詳しく見ていきましょう。

パソコン＆スマホで利用可能

Keepaを利用するには、Keepaの公式サイトにログインするか、Webブラウザの拡張機能としてインストールする方法の2種類が用意されています。利用できるWebブラウザは、Google Chrome・Microsoft Edge・Opera・Firefox・Vivaldiの5種類です。

また、スマホユーザー向けにもKeepaの専用アプリが用意されています。外出先からでも気軽に価格推移のリサーチができるので、ぜひ入れておくとよいでしょう。

一部の機能は有料

Keepaは一部の機能が無料で利用できますが、多くの機能は有料プランに登録しないと利用できません。月額料金は15ユーロ（約2,500円）、年額料金は149ユーロ（約25,000円）です。なお、有料プランで使えるようになる機能の詳細については、Section27で解説します。

価格履歴を確認できる

Keepaでは、指定した商品の過去12日間～1年間の価格推移をグラフで確認できます。Keepa公式サイトからも価格履歴をチェックできますが、Webブラウザの拡張機能に追加しておけば、Amazonの商品ページを表示すると自動的に価格推移グラフが表示されるようになります。わざわざKeepa公式サイトにアクセスして検索する必要がないので、商品のリサーチ効率が格段に上がります。

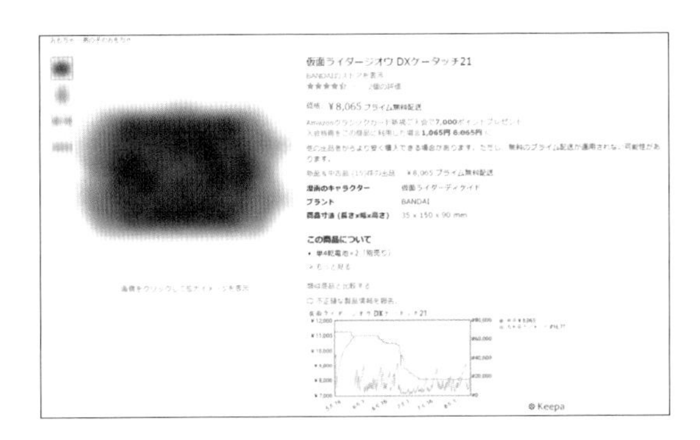

商品のデータを表示できる

スマホ版Keepaアプリでは、スマホのカメラで商品のバーコードを読み取ることで、Amazonで販売されている商品を効率よく検索できます。店舗せどりを利用する際のリサーチに大きな効果を発揮してくれます。

価格下落アラートを設定できる

Keepaには、指定した商品の目標金額を設定しておくことで、目標金額を下回ったときにメールやSNSで通知を受け取ることができる「価格下落アラート」機能が用意されています。タイミングよく仕入れるには、このアラート機能の利用が必須と言えるでしょう。また、出品中の商品の価格が下がった際にも、値下げ競争に巻き込まれないよう価格を調整するのに役立ちます。

Keepaを使えるようにしよう

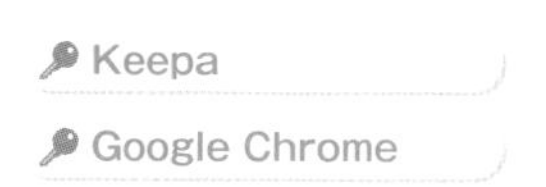

Keepa
Google Chrome

Keepaを使うには、Webブラウザの拡張機能に追加する方法が最も手軽で便利です。ここでは、Google ChromeへKeepaを追加する手順を解説します。

Google ChromeにKeepaを追加する

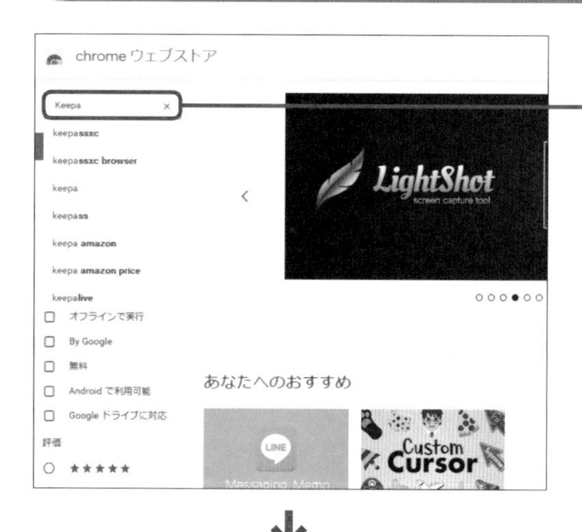

1 Google Chromeで「chrome ウェブストア（https://chrome.google.com/webstore/category/extensions）」にアクセスし、検索欄に「Keepa」と入力して検索します。

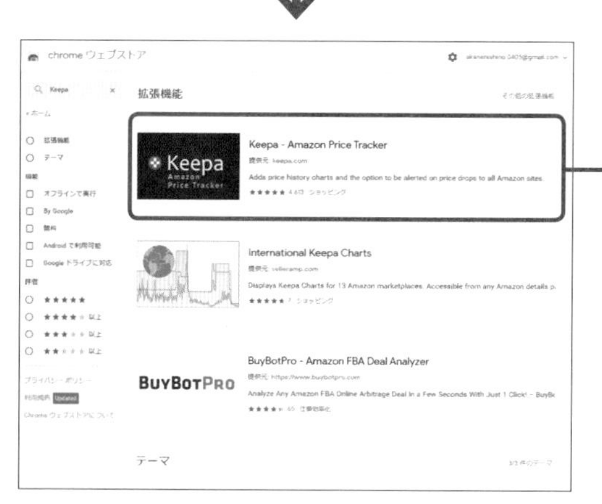

2 検索結果から「Keepa」をクリックします。

3 ＜Chromeに追加＞をクリックします。

4 ＜拡張機能を追加＞をクリックすると、Google ChromeにKeepaが追加され、Keepaの各種機能を利用できるようになります。

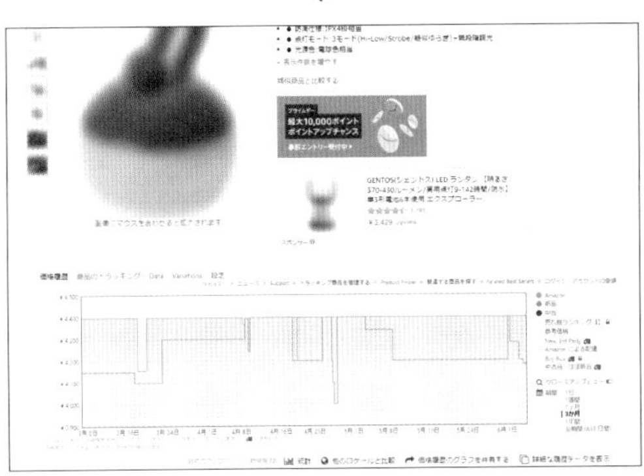

5 Amazonの商品ページにアクセスすると、自動的に価格の推移グラフが表示されます。表示するグラフの種類は＜Amazon＞＜新品＞＜売れ筋ランキング＞＜Buy Box＞＜出品者数＞などに設定することができます。また、対象期間も「3ヶ月」などに変更できます。

Memo

Keepaのアカウントを登録しておく

Keepaはアカウントを作らなくても価格履歴の推移を確認できますが、アカウントを取得することでトラッキング機能を利用できるようになります。アカウントの取得は、Keepa公式サイト（https://keepa.com/）にアクセスし、＜ログイン／アカウントの登録＞をクリックしましょう。「ユーザー名」「パスワード」「メールアドレス」を入力して＜アカウント登録＞をクリックします。メールアドレス宛に届いた確認メールのリンクをクリックすれば、アカウントを取得できます。

Section 27

Keepaの有料プランで使えるようになる機能

Keepa

有料プラン

Keepaの一部の機能は無料で利用できますが、多くの機能は有料プランに加入しないと利用できません。ここでは、有料プランに加入すると利用できるようになる機能について解説します。

Keepa有料プランで利用可能になる機能

Keepaには誰でも使える無料版があります。しかし、せどりツールとして使うには少々物足りません。そのため、本格的にAmazonせどりを行う人には、月額15ユーロ(約2,500円)の有料版への加入をおすすめしています。

有料版で利用できるようになる主な機能は、以下の通りです。

- 売れ筋ランキング
- Buy Box 価格履歴
- 新品出品者数/中古出品者数
- リファビッシュアイテム数
- コレクターアイテム数
- 評価
- レビュー数

売れ筋ランキング

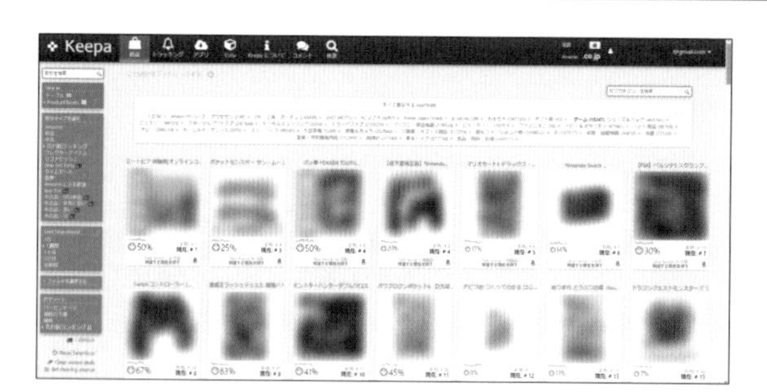

Amazonで最も売れている商品をカテゴリー別にランキングで表示します。ランキングは6時間ごとに更新されます。

Buy Box価格履歴

カートの価格相推移をグラフで確認できます。

新品出品者数／中古出品者数

指定した商品を出品しているセラーのうち、新品で出品しているセラーまたは中古で出品しているセラーの推移をグラフで確認できます。

リファビッシュアイテム数

リファビッシュ品とは、不良品を修理・調整した商品です。「リファビッシュアイテム数」では、商品をリファビッシュ品として出品している出品者の推移を確認できます。

コレクターアイテム数

Amazonでは、作者のサイン入りの商品や絶版の商品など希少性の高い商品をコレクター商品として出品できます。「コレクターアイテム数」では、商品をコレクターアイテムとして出品している出品者の推移を確認できます。

評価

指定した商品の平均評価の推移をグラフで確認できます。

レビュー数

指定した商品をレビューした人数の推移をグラフで確認できます。

Memo　有料プランへ加入するには

Keepa有料プランへ加入するには、Keepaのアカウントを取得しておく必要があります（Sec.26参照）。WebブラウザでKeepa公式サイト（https://keepa.com/）にアクセスし、ログインしたら、＜Data＞タブ→＜今すぐ15ユーロ/月で購読＞→＜SUBSCRIBE＞の順にクリックしましょう。名前、連絡先、クレジットカードなどを登録し、＜SUBSCRIBE NOW＞をクリックすると有料プランに加入できます。

スマートフォンから Keepaを見よう

スマートフォン

Keepaには、スマホユーザー向けの専用アプリも用意されています。本項では、Keepaアプリの初期設定の手順を解説します。なお、操作方法は、Android版とiPhone版どちらも同じです。

スマホ版Keepaアプリの初期設定を行う

Keepa - Amazon Price Tracker
開発者：Keepa.com
価格：無料

1 Play ストアまたは App Store から、Keepa アプリをインストールしておきます。

2 Keepa アプリを起動し、< Login >をタップします。

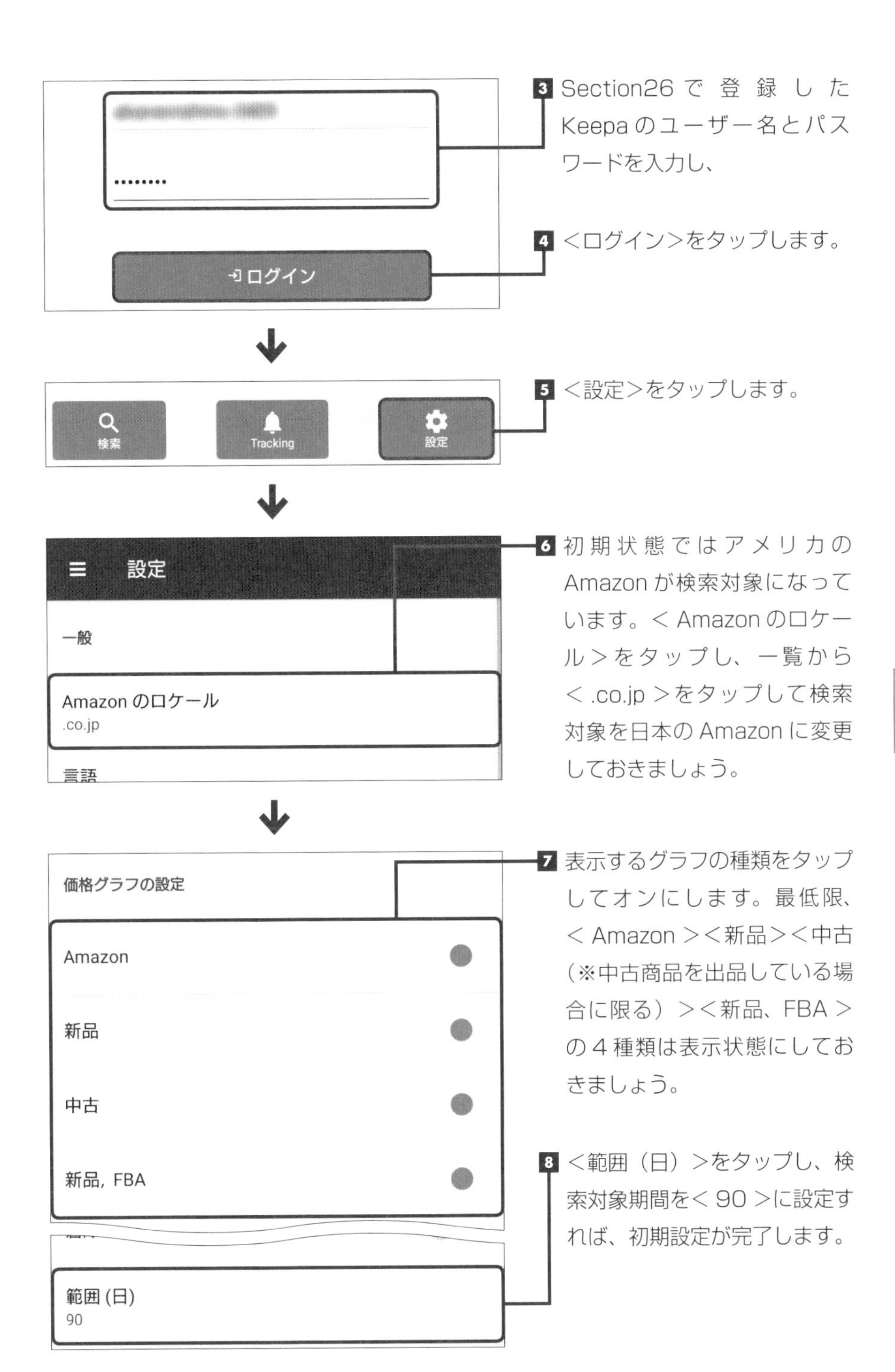

3 Section26 で登録した Keepa のユーザー名とパスワードを入力し、

4 ＜ログイン＞をタップします。

5 ＜設定＞をタップします。

6 初期状態ではアメリカの Amazon が検索対象になっています。＜ Amazon のロケール＞をタップし、一覧から＜ .co.jp ＞をタップして検索対象を日本の Amazon に変更しておきましょう。

7 表示するグラフの種類をタップしてオンにします。最低限、＜ Amazon ＞＜新品＞＜中古（※中古商品を出品している場合に限る）＞＜新品、FBA ＞の４種類は表示状態にしておきましょう。

8 ＜範囲（日）＞をタップし、検索対象期間を＜ 90 ＞に設定すれば、初期設定が完了します。

Keepaで チェックすべき情報

- Keepa
- 画面の味方

パソコンまたはスマホにKeepaを入れたら、さっそくAmazonをリサーチしてみましょう。ここでは、Keepaを使ってどのような情報をチェックできるのか解説していきます。

価格の推移グラフの見方

Point1：出品したい商品の価格推移グラフを表示する
Point2：仕入れ値より販売価格が高く利益があるか確認する
Point3：価格が安定しているか確認する
Point4：Amazon が常時出品していないか確認する
Point5：価格が上昇傾向にあるとなおよし

Point1：出品したい商品の価格推移グラフを表示する

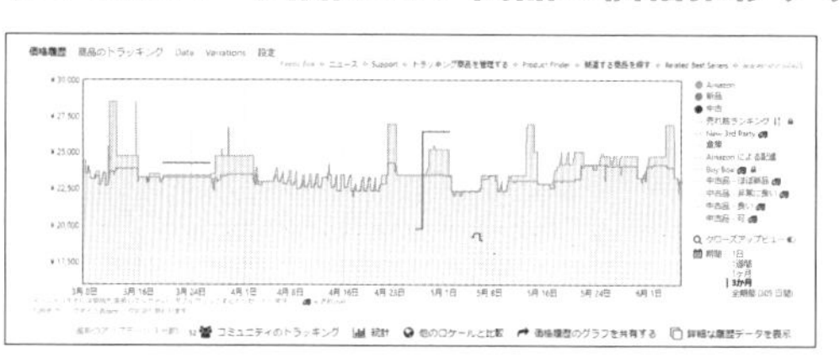

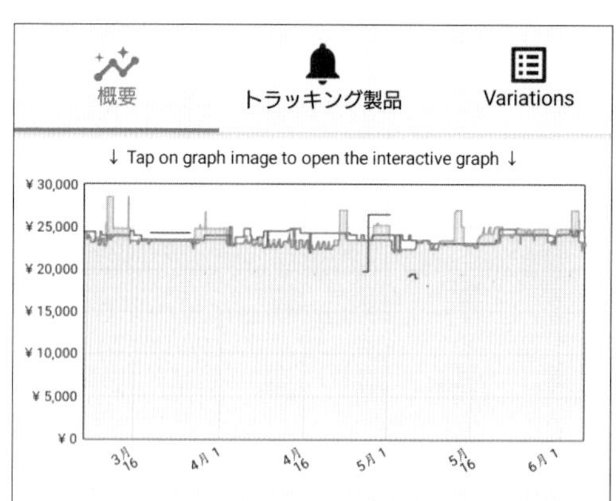

パソコン版は、Amazonで該当商品の商品ページにアクセスし、スクロールすると価格推移グラフが表示されます。

スマホアプリ版は、画面下部の<検索>をタップし、検索欄に商品名や製品番号などを入力して検索します。また、<スキャン>をタップして商品のバーコードを写すことでも商品を検索可能です。検索結果から該当の商品をタップすると、価格推移グラフが表示されます。

Point2：仕入れ値より販売価格が高く利益があるか確認する

せどりで利益を出すには、仕入れ値よりも販売価格を高くすることが大前提です。自分が仕入れた価格と販売価格との価格差があるかどうかに注目しましょう。例えば、楽天市場で3,000円で販売されている商品が、Amazonでは5,000円で販売されているとします。これは、Amazonに出品すれば5,000円で売れそうであることを意味します。

Point3：価格が安定しているか確認する

例えば、販売価格が3,000円で売れている時があったり、1,000円で売れている時があったりするなどの商品は、どのタイミングで売れるのか予想が立てづらいです。予想が立てづらい商品は損をしてしまう可能性があります。特に、初心者はどの仕入れ値で仕入れてよいのかわからないケースがほとんどでしょう。そのため、初心者の方は、慣れるまで価格が安定している＝価格推移グラフの乱高下が少ない商品を仕入れることが大切になってきます。最低でもこの価格で売れるというラインを見極めて仕入れるようにすれば損をすることはありません。

Point4： Amazonが常時出品していないか確認する

Amazon直販で出品されている在庫数が多い商品は、まず勝ち目がないと言っても過言ではありません。たとえば、同じ商品をAmazonが3,000円で出品、自分も3,000円で出品した場合は、カートが奪われやすいため個人セラーは売れにくい傾向にあります。そのため、Amazonが常時出品している商品は初心者のうちは避けたほうがよいでしょう。しかし、Amazonが販売していても仕入れる場合もあります（P.67参照）。

慣れてくると、Amazonが出品していても売れることがわかってきます。そうした商品は、仕入れ値と売値との価格差が大きい時に出品するのが狙い目です。Amazonの販売価格よりも安くすれば、ほぼ確実に売ることができます。

Point5：価格が上昇傾向にあるとなおよし

生産終了品の時は、商品の販売価格が上昇傾向になるケースが多いです。価格推移グラフが右肩上がりになっていると、より多くの利益を得られるチャンスです。

売れ筋ランキングの見方

Point1：売れ筋ランキングを表示する
Point2：下方向に折れている箇所が売れた時（ランキング上昇時）
Point3：波形のギザギザが多ければ多いほど売れている証拠
Point4：ランキングが３桁（1,000 位以内）は高回転商品
Point5：売れていない商品は直線に近い波形

Point1：売れ筋ランキングを表示する

Amazonで該当商品の商品ページにアクセスし、価格推移グラフの<売れ筋ランキング>の表示をオンにしておきましょう。

Point2：下方向に折れている箇所が売れた時（ランキング上昇時）

売れ筋がよいと下方向に折れる回数が多いです。反対に、下方向に折れる回数が少ない商品は売れ行きの悪い商品といえます。

Point3：波形のギザギザが多ければ多いほど売れている証拠

反対に、よいほうの商品はギザギザで波形が多くなります。これは、集計期間中にかなり売れていることを意味します。グラフの線が下方向に折れている箇所が売れた時=ランキング上昇時を意味します。

Point4：ランキングが3桁（1,000位以内）は高回転率商品

ランキングが3桁（1,000位以内）の商品は、高回転率商品です。ただし、ジャンルによっても傾向は異なるため、順位よりもグラフの波形推移を見てもらうほうが確実です。なお、1,000位より下だからといって仕入れないわけでないことを理解しておきましょう。

Point5：売れていない商品は直線に近い波形

売れていない商品は、直線に近い波形になっています。売れにくい可能性が高いため、仕入れは避けたほうが無難でしょう。

出品者数グラフの見方

Point1：出品者数グラフを表示する
Point2：出品者が上昇傾向だと値崩れする
Point3：出品者が減少傾向だとプレミアム価格になる
Point4：出品者が常時１人の場合は要注意

Point1：出品者数グラフを表示する

Amazonで該当商品の商品ページにアクセスし、価格推移グラフの＜新品＞（※中古出品の場合は＜中古＞）の表示をオンにしておきましょう。

Point2：出品者が上昇傾向だと値崩れする

出品者が増加傾向にあるということは、供給過多になりつつあることを意味しています。例えば、テレビや雑誌などで紹介された商品やSNSでバズって品薄になった商品などはその傾向が強いです。このような商品は、価格がピークに達して以降は価格の下落率が高くなります。もっとも、仕入れ価格と販売価格との価格差が大きければ仕入れても問題ないでしょう。

Point3：出品者が減少傾向だとプレミアム価格になる

トレンドの商品や生産終了の商品は、プレミアム価格になる傾向があります。現在市場で在庫を持っている人が売り切ってしまえば、出品者数も減少していきます。

Point4：出品者が常時1人の場合は要注意

出品者が常時1人の場合、その商品を製造したメーカーが出品している場合が多いです。出品してしまうとメーカーから警告が入り、出品取り下げをしなくてはいけません。そのため、ラクマやメルカリなどほかのECサイトで売らなければならないため、二度手間になってしまいます。下手をすると利益が出ない恐れもあるので、リサーチの時には特に注意して見ていきましょう。

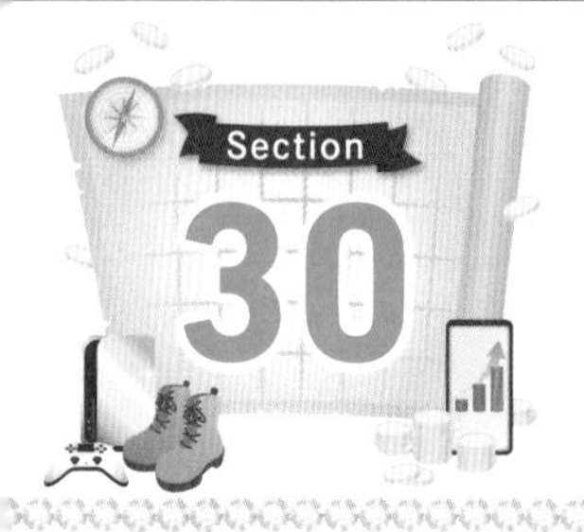

Amazon直販がない商品を探す

Amazonの在庫切れ商品は、せどりにおいて狙い目の1つです。膨大な商品の中から在庫切れ商品を探すのは大変ですが、Keepaを使えばかんたんに見つけることができます。

Keepaで在庫切れ商品を検索する

Amazonの在庫切れ商品を探すには、Keepa公式サイト（https://keepa.com/）を利用します。本来は有料プランの機能ですが、無料プランでも回数制限はあるものの、利用できます。

1 Keepa公式サイトにアクセスし、ログインしておきます。＜Data＞タブ→＜Product Best Sellers＞をクリックします。

2 調べたい商品ジャンルをクリックします。

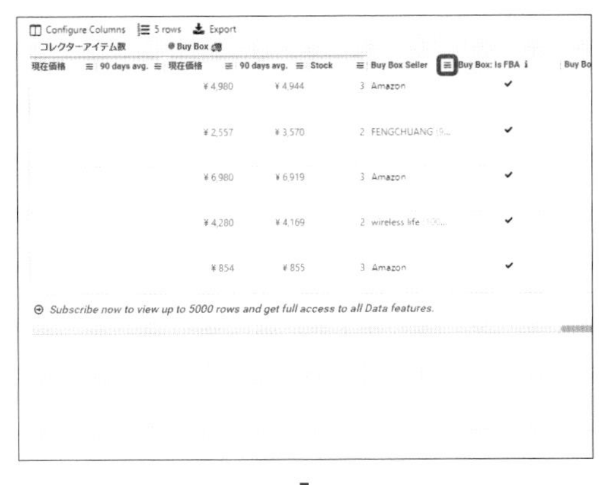

3 カテゴリー上位の商品が一覧表示されます。このうち、< Buy Box Seller >の右側にある三本線のアイコンをクリックしましょう。

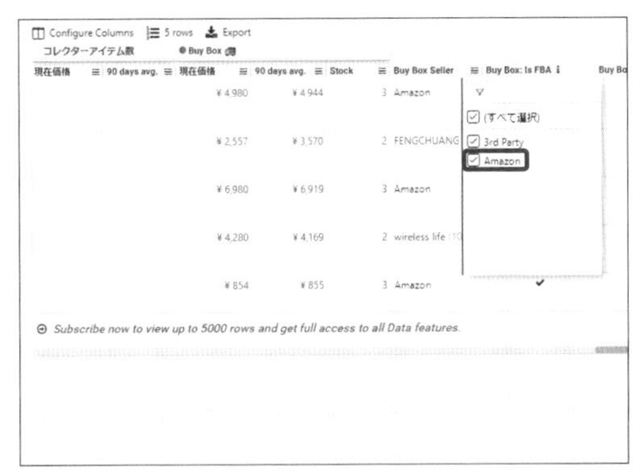

4 フィルターの項目から< Amazon >のチェックボックスをクリックして、チェックを外します。

5 Amazon 直販が出品している商品は除外され、Amazon 以外の出品者が出品している商品だけが表示されます。あとは、評価やレビューの高さなどを見て需要がありそうな商品なら、優先して仕入れるようにするとよいでしょう。

仕入れてはいけない商品を確認しよう

Keepa
仕入れ

せどり初心者にとっては、仕入れてよい商品と悪い商品を見分けるのは困難です。本項では、仕入れてはいけない商品の特徴、Keepaを使ったリサーチの実例を解説していきます。

仕入れてはいけない商品の特徴

仕入れてはいけない商品の特徴は以下の通りです。

- 値段が上がるかもしれないし下がるかもしれない商品
- 大量仕入れできない商品

値段が上がるかもしれないし下がるかもしれない商品

値段が上がるかもしれないし下がるかもしれないような商品はギャンブルです。つまり、仕入れ額と相場の価格が同一である商品などは、値段が上がるのを待たなくてはいけないだけでなく、最終的に損をする可能性が高いので絶対に仕入れてはいけません。このようなギャンブル商品の特徴として「予約商品」や「刈り取り商品」などがあります。

予約商品とは、どこかの店舗に予約しに行ったりネットショップで予約したりする商品のことです。例えば、店舗やネットショップの予約価格が10,000円の商品が、Amazonでは15,000円で販売されている。これは高利益が出るので、よいケースに該当します。しかし、店舗やネットショップの予約価格が10,000円、Amazonでも同じ10,000円という価格で売られている商品の場合は要注意です。販売されていた場合、発売後に値段が高騰していくと見越して大量に仕入れても、今後値段が上がるか下がるかは誰にも予想ができないからです。

もう1つの刈り取り商品は、Amazonで安く仕入れてAmazonで高く販売する商品のことです。例えば、Amazon価格が5,000円で販売されている商品が、店舗やネットショップなどで2,000円で在庫復活したとしましょう。一般的には、このタイミングで商品を購入することのほうが多いです。しかし、1つのネット・店舗で復活してしまうと他のネット・

店舗でも在庫が復活しています。供給量が増えたことによって、Amazonでの販売価格も下がるのです。利益が取れない価格まで下がる可能性があるため、刈り取ってしまうと損をします。

このようにギャンブル商品は勝ったり負けたりするため、お金が増えません。ギャンブル商品の場合は、値段を調べつくして上がることが確定しているような商品しか仕入れてはいけないことを覚えておきましょう。なお、ギャンブル商品は必ずしも仕入れてはいけないというわけではありません。キャンペーンやおまけで利益が取れる場合もあるので、慣れてきたらチャレンジしてみるとよいでしょう。

大量仕入れできない商品

大量仕入れできない商品も、値段が上がるかどうかわからないギャンブル商品の一種です。その代表的な例として挙げられるのが、置き場所を圧迫するような大型商品などです。なぜなら、大きな商品であればあるほど送料がかかり、利益があまり見込めない商品は損をする可能性が高いためです。Amazonでは商品のサイズごとに送料が決められているので、商品サイズごとの送料をあまり理解していないのであれば、今一度確認しておきましょう。商品仕入れの際にこの点を頭に入れておけば、「どれくらいの価格差があれば送料を含めても利益になる」のか瞬時に計算できます。

◉Amazonの送料一覧表

通常配送					
	小型	標準			
		1	2	3	4
寸法（商品あたり）	25 cm x 18 cm x 2.0 cm 以下	35 cm x 30 cm x 3.3 cm 以下	60 cm 以下	80 cm 以下	100 cm 以下
発送重量（商品あたり）	250 g 以下	1 kg 以下	2 kg 以下	5 kg 以下	9 kg 以下
配送代行手数料（1件の出荷依頼あたり1点の1商品あたり）	290円	381円	434円	514円	603円

▲ そのほかの配送料金については公式サイト（https://sellercentral.amazon.co.jp/gp/help/external/GG28UCR9ENBRZAFT?language=ja_JP&ref=efph_GG28UCR9ENBRZAFT_cont_201411300）を参照してください。

仕入れてはいけない商品をKeepaで確認する

仕入れてはいけない商品をKeepaで確認するポイントは、以下の通りです。

Point1：直近１ヶ月の販売実績があるかないか
Point2：出品者が増加傾向／価格下降傾向にあるかどうか

子ども向け玩具

- 仕入れ値：¥500
- 販売見込価格：¥2,240
- 手数料: ¥655

【粗利】
1,085円

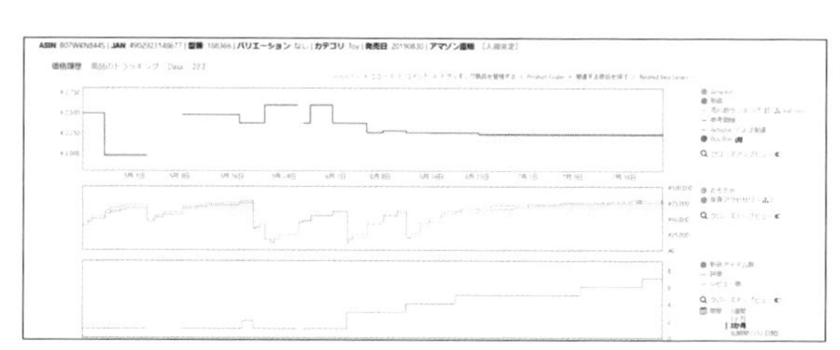

例えば、上の画像のような仕入れ値500円、販売見込み価格2,240円、Amazon出品の手数料が655円、粗利1,085円の商品を仕入れるべきか見ていきましょう。

Point1：直近1ヶ月の販売実績があるかないか

販売実績は、Keepaの「価格推移」グラフを参照します。この商品の場合は、直近1ヶ月の販売実績はないことがわかります。

Point2：出品者が増加傾向／価格下降傾向にあるかどうか

続いて、Keepaの「出品者数」グラフを参照します。出品者数が増えているのに対し、価格は下落しています。この商品は、仕入れる可能性は低いです。

ただし、直近1ヶ月での販売実績がなくても、仕入れ値と販売価格に大きな差があるならば、販売価格を下げれば売れる可能性は大いにあり得ます。

続いて、楽天市場でポイントを使って仕入れを行う場合の仕入れてはいけない商品のポイントは以下の通りです。

Point1：Amazon の在庫が復活しているかどうか
Point2：出品者が増加傾向

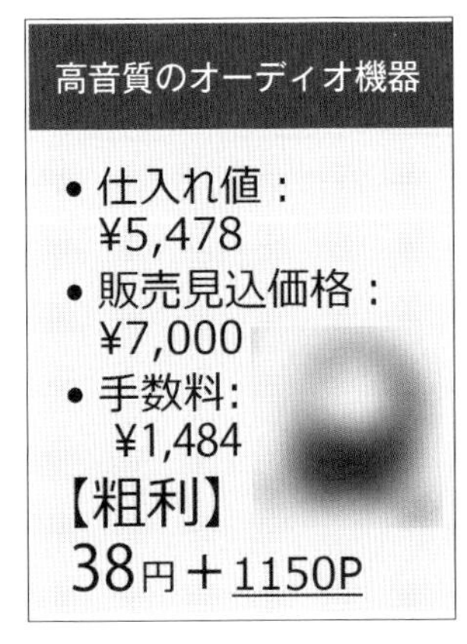

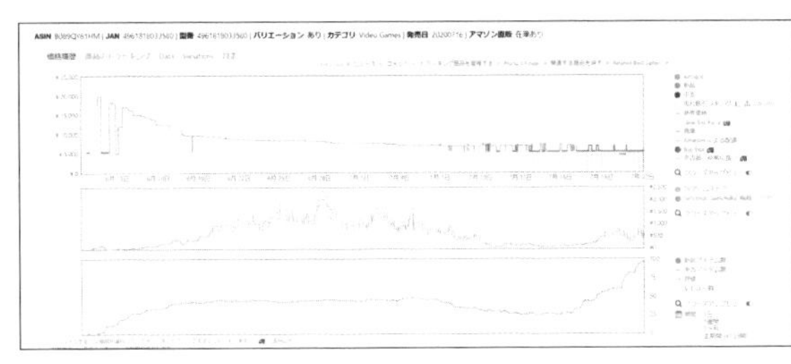

例として、楽天市場で5,478円で仕入れ、販売見込み価格7,000円、Amazon出品の手数料が1,484円、粗利38円に加えて1,150ポイントが付く商品を見ていきましょう。

Point1：Amazonの在庫が復活しているかどうか

上記の商品の場合、6月13日から7月10日近くまではAmazon直販に在庫がなかったので価格が高騰していました。しかし、Amazon直販の在庫が復活してしまうと、最安値に合わせて出品しても自分の商品の売れ行きが悪くなります。なお、P.66で解説していますがAmazon直販がいても仕入れることもあります。

Point2：出品者が増加傾向

続いて、Keepaの「出品者数」グラフを参照します。上記の商品の場合、出品者数は横ばいで推移していましたが、一度減少してから次第に増えています。これは、供給過多で価格競争になっていく可能性が高いです。

ただし、この商品の場合はランキング上位なのである程度需要は見込めます。大量に仕入れるのが怖い人は、1個だけ仕入れて販売して手応えを確認してみるのもよいでしょう。

Keepa以外のツールを確認しよう

- セラースケット
- 危険商品の検知

Keepa以外にもせどりで便利なツールがあります。ここでは「セラースケット」という、商品について仕入れても大丈夫かどうかを調べることができるツールを紹介します。

セラースケットとは

セラースケットとは、文字通りセラーを助っ人してくれるツールです。セラースケットは10,000を超える情報について分析、更新を行っており、Amazonの商品について危険度を5段階で表示しています。これを利用すれば、アカウント停止につながってしまような危険な商品なのかどうか、仕入れをする前に確認をすることができるのです。アカウント停止になってしまうとAmazonで販売ができなくなってしまうので、しっかり確認を行いましょう。危険度については以下の表のように区分されています。

危険度	理由	開設 15 ヵ月未満	開設 15 か月以上	利益重視の方
危険度 A	アカウント停止の可能性大	出品取り下げ推奨	出品取り下げ推奨	出品許容
危険度 B	アカウント停止の可能性中	出品取り下げ推奨	出品自己判断	出品許容
危険度 C	請求書通知の可能性あり	出品取り下げ推奨	出品自己判断	出品許容
危険度 D	商品ページ削除の可能性あり	出品自己判断	出品許容	出品許容
リスク低	×	出品許容	出品許容	出品許容

セラースケットは有料のサービスとなっていますが、危険商品の確認だけではなく、在庫の価格調整を自動化させることもできます（別料金）。また、購入者にサンクスメールを自動送信する機能や納品プランの作成、仕入れてしまった在庫商品の危険検知も行ってくれるので、非常に頼りになるツールといえるでしょう。

◉セラースケット

URL https://www.sellersket.com/

	スタンダードコース	プレミアコース
情報掲示板閲覧	○	○
アカウント停止リスク検知機能	○	○
資産管理機能	○	○
FBA 在庫自動検出機能	○	○
学びの部屋閲覧	○	○
情報提供によるポイント付与	○	○
不正商品検知機能	○	○
適宜アカウント相談サービス	×	○
アカウント停止・閉鎖時のサポート	×	○
カンファレンス	△	◎
料金	2,480円（月額）	4,980円（月額）

※在庫の価格調整機能などは追加料金が発生

FIREとせどりの関係について

FIREとは「経済的自立と早期退職」という意味です。お金に縛られずに自由に生きていくという形でせどらーの間では語られています。FIREするためのいちばんの近道はせどりであるという話をしていきます。
FIREをするためには「3つの知識」が必要です。まずは①「纏まったお金を稼ぐための知識」です。この知識があればあるほどFIREするまでの期間を短くすることができます。次に②「生活費を下げる知識」です。これはリタイア後、そしてお金を貯めていく過程での話となります。FIREではお金を貯めていかなくてはいけないので、生活費を下げる必要がありますので、そのための知識となります。かんたんに言うと「節約」ということになります。そして最後は③「お金を働かせて、お金を稼ぐ知識」です。これはまとまったお金を今度は運用していく必要があるからです。
ではこれらの知識とせどりの関係について解説していきます。まず①についてですが、せどりでは「ローリスク」かつ「稼げる額が大きい」という点です。また、現金以外にもクレジットカード枠や融資などを使って稼げます。次に②についてですが、これはポイ活（ポイント活動）が大きくかかわっています。5章でも解説をしていますが、せどりはポイ活の最上級バージョンといってよいでしょう。またせどりを学ぶことによって、日々の買い物で使える技をたくさん覚えることもできるという点も魅力でしょう。最後の③についてですが、ほかのせどらーの人に話を聞くとせどりで稼いだお金を使ってほかで稼いでるという人も多いです。そのため、せどりを学びその過程でせどりの懇親会に行けば、③の知識を自動的に身に付けることができるのです。これらによって、FIREとせどりは非常に相性がよいということがわかります。

第4章

初心者はここから！店舗せどり

Section 33

初心者は店舗せどりがおすすめ

店舗せどり
リサーチ

せどり初心者には、店舗せどりをおすすめします。ネットショップのほうが楽なのになぜ? ここでは、どうして初心者は店舗せどりなのか。また、どのような利点があるのかについて解説します。

店舗せどりって何?

店舗せどりは、「**実際に店舗に足を運んで仕入れる**」せどりです。行く前に最近のプレ値商品については頭に入れておき、**利益商品だけを仕入れに行くと効率的です。**電脳せどりの場合、早く、楽に仕入れができる反面、在庫がなくなるのも早いのが弱点。その点、店舗せどりは、電脳せどりより在庫切れペースが遅いうえに、ポイント還元やセールによる割引の期待もあります。また、値段をほかの店舗と比較･交渉したり、実際の商品のコンディションを確認したりすることもできます。偶然、ワゴン商品にお宝を見つけた！なんてこともあります。

なお、実際に仕入れに使える店舗には、次のようなところがあります。

量販店、スーパー、ディスカウントストア、ドラッグストア
コンビニエンスストア、業務用スーパー、リサイクルショップ、古本屋

とくに、全国に店舗がある大手チェーンでは、フェア、セール、ポイント還元、無料クーポン配布などのキャンペーンを頻繁に行っています。告知も大々的なのでわかりやすく、人気キャラクターや人気商品を扱うことが多いので、利益商品になる期待大。

また、店舗数が多く、比較的労力をかけずに複数店舗から仕入れることができます。

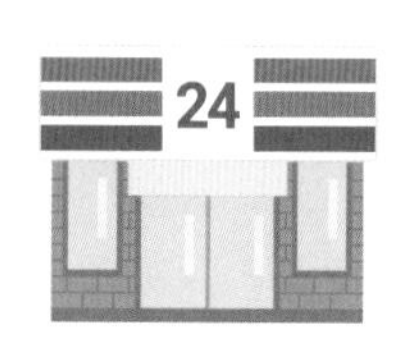

初心者におすすめな店舗せどり

仕入れながらリサーチできる

せどりの基本は、徹底的に商品をリサーチすることです。店舗せどりのよいところは、実際に足を運び、お店や商品を見て、歩くことで、確実に経験値が上がるところ。あらかじめリサーチしておいた商品だけでなく、そのほかにどのような類似商品があるのか、実際にはどのような商品が売れているのか、今後どのような商品が発売されるのかなど、さまざまな情報が手に入ります。

また、家電量販店には家電だけでなくおもちゃが売られていたり、スーパーには生鮮食料品だけでなく日用品も売られていたりと、1店舗で複数のジャンルの商品を仕入れることができるのも、店舗せどりの強みです。実際に店舗に足を運び、どのようなお店にどのようなものが売られているか、何がどのくらいの価格帯で売られているのかを把握しておけば、仕入れ効率も上がります。

このようなことから、これからせどりを始めようとする人、また、始めたばかりの初心者には、店舗せどりをおすすめします。そして、多くのお店に足を運び、利益が出る商品は何なのか、反対に、利益の出ない商品は何なのかを判断できる目を養いましょう。

ライバルは近場の人間だけ

せどりで稼ぐために重要なことは、確実に売れる商品を、とにかく1円でも安く仕入れることです。当然、確実に売れる商品はライバルも狙っています。ネットショップを使った電脳せどりの場合、全国、いや、世界中にいるライバルたちとの争奪戦となります。それに比べ、店舗せどりの場合、仕入れ可能なのは足を運ぶことができるエリアの人間のみ。当然、ライバルは減ります。

しかし、ここで問題になるのは「足」です。店舗せどりで稼ぐためには、やはり車が必要です。車があるか、ないかで、回れる店舗数、仕入れられる商品の数は確実に変わってきます。車があれば、これだ！という商品を可能な限り仕入れることができ、仕入れる商品も数も吟味することになるので、結局無駄な仕入れはしなくなります。そのような点からも、店舗せどりがおすすめなのです。

とくに稼ぎやすいジャンルは「ゲームジャンル」

- ゲームせどり
- ブレ値

ゲームは、需要の多いジャンルです。人気ゲームともなれば、一大ブームを巻き起こし、関連商品も多く販売されます。ここでは、そんなゲームジャンルでのせどりについて解説します。

ゲームジャンルってどんなもの?

一般的にゲームといえば、「アクションアドベンチャー」や「ロールプレイングゲーム」などのゲームソフトを思い浮かべると思います。しかし、ゲームジャンルは、ゲームソフトだけにとどまらず、ゲーム機本体、ゲーム周辺機器、攻略本など、ゲームにまつわるさまざまなアイテムが含まれます。

これらの商品を安く仕入れ、高く売るのが「**ゲームせどり**」です。とにかく、ゲームジャンルの商品はとても需要が高いので、とくに、人気のゲームに関連する商品は要チェックです。**「Amazon」や「楽天市場」のランキングを参考に、常に、人気のゲームをリサーチしておきましょう。**

なお、ゲームソフトを仕入れられる店舗には、それに付随するゲーム機本体、ゲーム周辺機器、攻略本なども置いてあるところがほとんどです。人気ゲームソフトだけでなく、それに付随した商品も併せて仕入れられて一石二鳥。ゲームジャンルの仕入れができる店舗には、次のようなところがあります。

- **新品、中古品のゲームソフトを扱う店舗**
- **中古品のゲームソフトを扱うリサイクルショップ**
- **新品のゲームソフトを扱う家電量販店**
- **大型、個人店舗を含めた新品のゲームソフトを扱う玩具店**
- **大型スーパーやデパートなどにある新品のゲームソフトを扱う玩具コーナー　など**

ゲームジャンルは、普段なじみのある店舗で仕入れられるので、初心者には安心です。ただし、古物商許可証を取得していない場合は、新品の売買から始めましょう。

周辺機器はライバルが見逃しがち！

周辺機器にはどんなものがある？

ゲーム機には、テレビなどのモニター画面につなげて遊ぶ据え置き機のゲームと、携帯型ゲーム機があります。これらのゲーム機には、それぞれ専用の周辺機器があり、とくに、**人気ゲーム対応のゲーム機本体や周辺機器は、入手困難になることがあります。**

ここで、注目すべきアイテムは、周辺機器です。ちなみに、周辺機器には、次のようなものがあります。

- **コントローラー**
- **ケーブル、アダプター**
- **スタンド**
- **バッテリー、充電器**
- **ヘッドホン、ヘッドセット　など**

とくに、人気ゲーム専用のコントローラーは生産数も少なく、ゲームソフトやゲーム機本体に比べて、通常価格を大幅に上回る「プレミアム価格」、いわゆる「**プレ値**」がつきやすく、中古でも利益商品となりえます。また、ゲームセンターと同じ操作方法が実現できるコントローラー（アーケードコントローラー）は、根強いファンが多いため、プレ値になりやすい傾向があります。

このように、ゲームジャンルはとにかく稼ぎやすいです。人気ゲームは何か、専用のコントローラーが発売されていないかは、常にリサーチしておきましょう。

Memo　プロゲーマーをチェックする

ここで挙げたように、ゲームの周辺機器にはいろいろなアイテムがありますが、とくに、ヘッドホンやヘッドセットなどは、人気のプロゲーマーに影響を受けるゲームユーザーも多いアイテムです。ゲーム専用機だけでなく、PCなどでも利用可能な周辺機器は、さらに販路も広がり、売りやすい商品といえます。

Section 35

家電量販店でのせどりのポイント

値札
値引き交渉

家電量販店は、さまざまなジャンルの商品が揃う仕入れには外せない場所です。ここでは、家電量販店で確実に稼げる利益商品を見つけるためのポイントを解説します。

利益商品を見つけるポイントは?

家電量販店は、1店舗でいろいろなジャンルの商品を仕入れることができるため、仕入れ先として欠かせない場所です。さらに、利益商品の宝庫といっても過言ではありません。

たとえば、ヤマダ電機では「おもちゃ」を他よりも安く、エディオンでは「ゲーム関連商品」を手に入れられる傾向があるなど、店舗の種類によって特徴があったり、また、同じ種類の店舗でもそれぞれの地域で癖や特徴があったりします(同じ店舗でもおもちゃコーナーがあるところとないところ、セール値札が多いところ少ないところなど)。さらに、**多くの店舗ではワゴンセールを行っており、これらも間違いなく利益を生む商品**です。このように、リサーチすることで店舗の特徴をつかむことはとても重要です。だからといって、やみくもにリサーチに行っても、なかなか判断が難しいのも事実。家電量販店で利益商品を見つけるためには、基礎的な知識と値札の見方が必要となってきます。家電量販店で利益商品を見つける方法について解説します。

値札を攻略するものは家電量販店を制する

家電量販店の値札は、宝の地図のようなものです。**値札を見れば、その商品が利益商品かどうかをすぐに判断することができます**。たとえば、大々的に「大処分!」や「お買い得品!」と書かれていれば、その日のその店舗の目玉商品と判断できます。また、紙の値札、手書きの値札は長く置いておきたくない商品=早く売りたい商品と判断できます。

▲ 通常の値札

限定特価 在庫処分
税込 29,800円

▲ 利益商品の値札

ここまでは、家電量販店各社で共通で、確実に押さえておくべき初歩的なポイントです。さらに、大手家電量販店各社の値札の特徴的な記載事項と決算月をまとめます。

店舗名	お得ポイント	決算月
家電量販店 A	・値札の右上に「E」と書かれている商品は「廃盤」を意味する。 ・「大処分市」と書かれている値札は底値の可能性大。	3月
家電量販店 B	・「○○特価」と書かれている値札はセール品。 ・手書き値札は底値の可能性大。	3月
家電量販店 C	・「在庫処分」と書かれている値札はセール品。 ・「奉仕品」と書かれている値札は底値の可能性大。	3月
家電量販店 D	・「期間限定」と書かれている値札はセール品。 ・「売り尽くし」と書かれている値札は底値の可能性大。	8月
家電量販店 E	・値札の右下に「W」、「X」、「Y」のいずれかが書かれている商品は「廃盤」を意味する。 ・値札の右下に赤や緑のラインが引かれていたら利益商品の可能性大。	3月

◘展示品、一点（現品）限り、在庫処分は利益商品

「展示品」や「一点（現品）限り」といった商品は、利益商品になる可能性があります。ただし、傷や汚れがあったり、箱がなかったりする場合もあるので、よく確認しましょう。

「在庫処分」の商品も、利益商品になりうる商品です。残りの在庫数はどれくらいかを確認し、必要に応じて複数個の仕入れも検討しましょう。

◘モデルチェンジ・決算時期をチェック

家電は、モデルチェンジがあるものもあるので、そういった商品を覚えておき、新しいモデルが出る時期の前に旧モデルの値下げを狙っていきましょう。新商品の入荷前には、在庫処分セールが実施されるので、仕入れはこの時期が狙い目です。とくに、人気商品のモデルチェンジの時期は確認しておきましょう。また、各店舗の決算時期も大型セール時期。しっかりチェックしておきましょう。

◘ダメもとでも値引き交渉

店舗せどりの醍醐味は、なんといっても「**値引き交渉**」です。そもそも、あまり値引きに応じない店舗であったり、明らかに底値に見えたとしても、交渉の余地あり。直接、値段が下がらなかったとしても、ポイント還元で応じてくれることもあるので、最後は、ダメもとでも値引き交渉をしてみましょう。

大手スーパーでのせどりのポイント

セール日
ポイント

スーパーはなじみがあり、せどり初心者でも安心して仕入れることができる場所です。ここでは、大手スーパーで効率よく利益商品を仕入れるためのポイントについて解説します。

利益商品を見つけるポイントは?

せどり初心者は、リサーチする際に、ついつい店員の目を気にしがちです。

「スーパーは普段から利用している」という人はとても多いでしょう。馴染みのあるスーパーは、いつもの買い物をしながら、人気商品や値段をリサーチできるというメリットもあり、初心者でも気楽に仕入れができる場所といえます。

とくに、**大型スーパーの場合、食料品や日用品だけでなく、家電、文具、衣類、ゲーム・玩具など扱うジャンルも豊富です**。攻略すべき仕入れ先といえます。

ここでは、そんな大手スーパーで利益商品を気軽に仕入れる方法について解説します。

お得に仕入れられる「セール日」を狙う

全国展開されている多くの大型スーパーでは、毎月、特定の日や曜日に「セール日」を設定しています。セールでは、お買い得商品が並ぶだけでなく、指定のカードで買い物をすると、ポイントが多く付与されたり、さらに何パーセントかの割引特典が追加されたりすることもあるので、仕入れに使うスーパーのカードは作っておきましょう。

カードに付与されるポイントには、支払い時にお金のように利用できるものや商品と交換できるものなどがあります。いずれにしても、間違いなくお得です。

以下、大手スーパーの代表的なセールの日程の例をまとめます。

店舗名	お得ポイント	決算月
大手スーパー A	・毎月 20 日、30 日が「お客さま感謝デー」。 Web サイトで、キャンペーンの確認が可能。	2 月
大手スーパー B	・毎月 8 日、18 日、28 日が「ハッピーデー」。 Web サイトで、キャンペーンや店舗ごとのイベントの確認が可能。	2 月
大手スーパー C	・毎月、店舗ごとに「5% OFF デー」を設定。 Web サイトで、店舗ごとの 5% OFF デーの確認が可能。	12 月
大手スーパー D	・毎月 9 日、19 日、29 日が「5% OFF デー」。 Web サイトで、キャンペーンの確認が可能。	8 月

スーパー仕入れではお得なジャンルを狙う

スーパーといえば食料品というイメージですが、せどりの仕入れとしてスーパーでリサーチするべきは、大手スーパーならではの次のジャンルです。

- **家電**
- **日用品**
- **ゲーム、玩具**
- **ペット用品**
- **カー用品**

また、これらのジャンルは、在庫処分などの**ワゴンセール**を行っている確率も高く、店舗によっては、毎日何らかのワゴンセールを行っているところもあるので、買い物に行った際には、こまめにリサーチするようにしましょう。

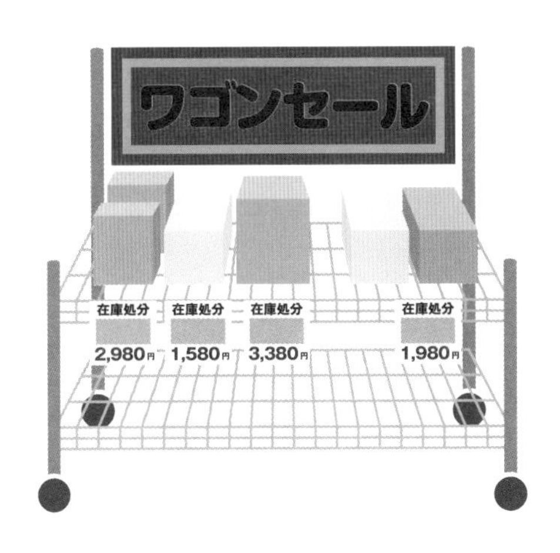

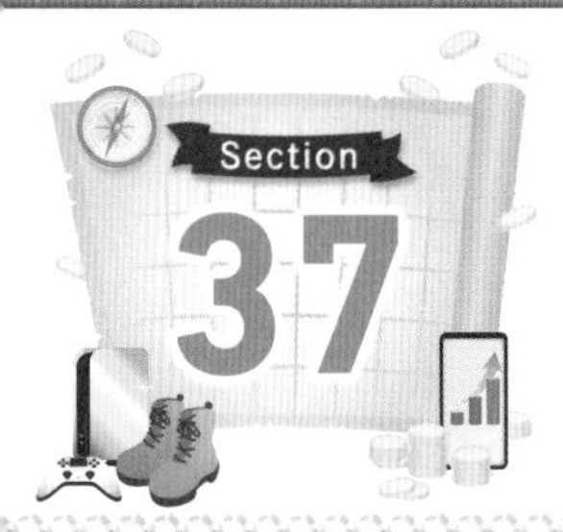

ディスカウントストアでのせどりのポイント

決算大セール
キャッシュレス決済

ディスカウントストアは、さまざまなものを安く、大量に手に入れることができる仕入れにはなくてはならない場所です。ここでは、ディスカウントストア仕入れで利益率を上げる方法を解説します。

利益商品を見つけるポイントは?

ディスカウントストアは、メーカーからの直接、大量仕入れなどにより、商品を安価に販売することを売りにした店舗です。 価格が安いのはもちろん、在庫数が多いので、大量仕入れも可能。また、アイテム数が豊富なのも特徴です。代表的な店舗のドン・キホーテは、食料品、日用品から家電、ブランド品まで揃っていますし、コストコに至っては、家具やブランコまで手に入ります。

このように、ディスカウントストアごとに得意な商品ジャンルがあったり、取り扱っているメーカーに違いがあったりするので、十分にリサーチし、店舗の特徴を活かした仕入れをする必要があります。

ここでは、ディスカウントストアで効率的に利益商品を仕入れる方法を解説します。

セールを狙ってさらに安く仕入れる

ディスカウントストアでは、決算、開店・閉店、メーカーのキャンペーンなどの時期に大々的にセールをします。 たとえば、ドン・キホーテは6月、MrMax・ジェーソンは2月が決算月となっており、この月に「**決算大セール**」が開催されます。この時期は店舗に向かったほうがよいです。

さらに、**新店舗の開店や既存店舗の閉店・改装の際も、確実にセールがあります。** 店舗の開店、閉店はチラシやWebサイトなどでこまめにチェックしておきましょう。また、併せてキャンペーンのチェックも忘れてはいけません。ディスカウントストアでは、メーカーとコラボでキャンペーンをすることがあります。ポイントが多く付与されたり、(アプリ)クーポンがもらえたりするなどの特典があるので、さらに利益率が上がります。開店閉店.com(https://kaiten-heiten.com/)では地域別や業種別で開店と閉店の情報を発信しているので、ぜひ活用してみましょう。

ディスカウントストアは、他の業態よりも品揃えや得意分野、販売形態に、それぞれの店舗の特徴があります。

以下、代表的なディスカウントストアの特徴の例をまとめます。

店舗名	お得ポイント	決算月
ディスカウントストア A	・店内のクーポン発券機は必ずチェック。 Web サイトで、キャンペーンや店舗ごとのイベントの確認が可能。	6 月
ディスカウントストア B	・店内オレンジ色の値札の DISCOUNT POP、手書き POP は要チェック。 Web サイトで、お得なキャンペーンの確認が可能。	2 月
ディスカウントストア C	・メルマガ会員になるとクーポンが配布される。 Web サイトで、お得情報の確認が可能。	2 月
ディスカウントストア D	・主に雑貨を扱う。アイドルとコラボしたイベントやキャンペーンなどもある。 Web サイトで、情報の確認が可能。	5 月
ディスカウントストア E	・メンバーシップ制をとるアメリカ初のディスカウントストア。とにかく 1 包みが大きい。 Web サイトで、お得情報の確認が可能。	8 月

アプリやキャッシュレス決済を使いこなす

ディスカウントストアは、もともと商品が安値で販売されているので、そのなかで利益商品を探すだけでなく、ポイントやクーポンを積極的に獲得して、次回以降の仕入れにつなげるということも大切です。**ポイントカードやアプリを利用したり、各社で発行しているクレジットカードを作ったり、キャッシュレス決済を積極的に利用する**など、ポイントやクーポンを効率的に貯められるようにしておきましょう。

塵も積もれば山となり、確実に利益率が上がります。

開店閉店 .com
URL https://kaiten-heiten.com/

ドラッグストアでのせどりのポイント

薬機法
医薬品店舗販売業許可

ドラッグストアは、化粧品や日用品、小物家電などが日常的に使用されるものの宝庫です。ここでは、ドラッグストアでとくに仕入れるべきものは何か、を解説していきます。

利益商品を見つけるポイントは?

ドラッグストアに並ぶ商品は、薬品だけにとどまらず、食料品や日用品、小物家電など、日常的に使うもの全般に及びます。何でも手に入るうえに、店舗自体の利用頻度が高く、気軽にリサーチできるドラッグストアは、せどり初心者にはもってこいの仕入れ場所です。

ドラッグストアは、全国に店舗があり、気軽に立ち寄って仕入れができる優秀な仕入れ先ではありますが、注意点もあります。それが「**薬機法(薬事法)**」です。

薬機法は、医薬品、医療機器、医薬部外品、化粧品等の品質と有効性および安全性を確保すると共に、これらによる危害の発生や拡大を排除することを目的に、製造・表示・販売・流通・広告などについて定めた法律です。

これにより、医薬品は、「**医薬品店舗販売業許可**」がないと販売することができない決まりになっています。当然、**医薬品の転売も違反**です。違反行為を行った場合、「3年以下の懲役」もしくは「300万円以下の罰金」、または、その両方が科せられます。

では、ドラッグストアでは、どのような商品を仕入れたらよいのでしょうか。

ターゲットは、医薬部外品、化粧品、日用品

たとえば、せどり最大の販路ともいえるAmazonでは、薬機法に抵触しない以下の商品の販売は認められています。

**医薬部外品、指定医薬部外品、防除用医薬部外品、
動物用医薬部外品、化粧品**

仕入れについては、これらの商品プラス日用品、小物家電のみ。当然、セールや値引き、

ポイント大幅還元などのキャンペーンは有効に活用しながら仕入れましょう。

　では、ドラッグストアで効率的に稼ぐにはどうしたらよいか。やはり、セール、キャンペーンは押さえておくべきです。

　以下、代表的なドラッグストアのお得ポイントをまとめます。

店舗名	お得ポイント	決算月
ドラッグストアA	・毎月1日・2日は「化粧品感謝デー」。 Webサイトで、キャンペーンやイベントの確認が可能。	3月
ドラッグストアB	・毎月1日・10日・20日は「お客様感謝デー」。 Webサイトで、キャンペーンやイベントの確認が可能。	5月
ドラッグストアC	・毎月10日、5日は「プリペイドデー」。 Webサイトで、店舗ごとのポイント倍デーカレンダーやお得情報の確認が可能。	3月
ドラッグストアD	・毎月第2、第4火曜日はアプリ会員にクーポンを配布。 Webサイトで、キャンペーンやイベントの確認が可能。	2月
ドラッグストアE	・毎月20日はTポイント1.5倍デー。	2月

ワゴンセールと手書きの値札をチェック

　ドラッグストアでは、**見切り品のワゴンセールが狙い目**です。なかには、「半額シール」の貼ってある商品もあります。とくにワゴンセールでみられる商品には、次のようなものがあります。

メンズ・レディース化粧品、サプリメント、ベビー用品
香水、日用品、洗剤、スプレー消臭・芳香剤、雑貨
ドライヤーなどの小型家電

　ワゴンセールの仕入れは、ドラッグストアせどりの常識となっています。絶対に見逃さないようにしましょう。

　また、ワゴンセールのほかに、ドラッグストアでよく見られるのが「手書き値札」です。手書きの値札には、「在庫限り」や「限定」、「500円税込（普通に値段表示）」などいろいろな形態がありますが、このような値札が手書きされている場合はかなり狙い目。ドラッグストアでは、**手書きの値札も意識して探しましょう**。

コンビニでのせどりのポイント

キャンペーン商品
廃盤商品

コンビニで狙うのは、キャンペーン商品。キャンペーン商品を仕入れるには、リサーチは不可欠です。ここでは、コンビニで確実に利益商品を仕入れるためのポイントを解説します。

利益商品を見つけるポイントは？

正直なところ、コンビニに置かれている商品には、あまり「割引」や「割安」といったイメージがないかもしれません。そんなコンビニを仕入れ先にした「コンビニせどり」を行う場合は、**キャンペーン商品**を狙いましょう。キャンペーン商品は、限定品。そのため、値上がりする可能性が高いのです。

コンビニで実施されるキャンペーンには、以下のようなものがあります。

通常のキャンペーン
店舗限定キャンペーン
一番くじ

このようなキャンペーンの広告を、店舗前や店頭のポスター、SNS、テレビCMなどで見かけたことがあると思います。コンビニでは、常にさまざまなキャンペーンが実施されているので、キャンペーンがどのようなタイミングで実施されているか、どのくらいの頻度でどのような内容で開催されるのか、コンビニごとにリサーチしておきましょう。

なお、**コンビニせどりで稼ぐのであれば、「キャンペーン=利益商品」がある期間に、できるだけ多くの店舗を回る**必要があります。そのため、ターゲットは、全国に店舗がある大手のコンビニ。あらかじめ自分で回れそうな距離にあるコンビニを何店舗か見つけておき、効率的に仕入れられるようにしておきましょう。

右ページに、大手コンビニ各社のキャンペーンサイトをまとめます。

店舗名	Web サイト
コンビニ A	Web サイト（https://www.family.co.jp/campaign.html）で、キャンペーンやイベントの確認が可能。
コンビニ B	Web サイト（https://www.sej.co.jp/cmp/）で、キャンペーンやイベントの確認が可能。
コンビニ C	Web サイト（https://www.lawson.co.jp/）で、キャンペーンやイベントの確認が可能。

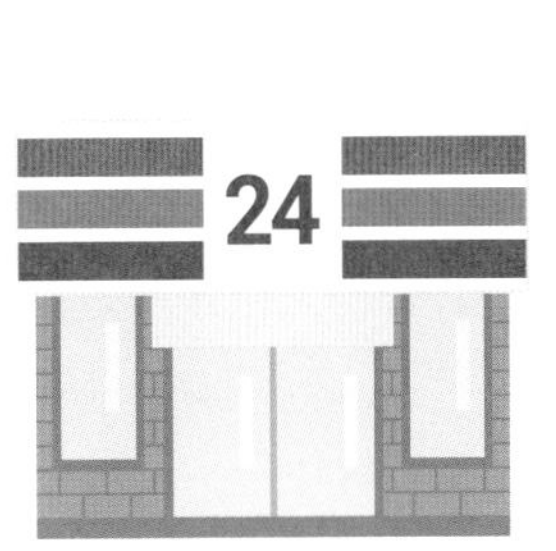

コンビニでもワゴンセールがある！

実は、コンビニでもワゴンセールに出会う可能性があることをご存じでしょうか。

ワゴンセールでは、見切り品がかなり安価に販売されていますが、コンビニで仕入れる商品は、日用品や化粧品の**廃盤商品**が基本。日用品や化粧品の廃盤商品は値上がりしやすく、高い利益率が見込めます。リサーチの際は、どこかにワゴンはないか、どこかに廃盤商品はないか、お店や棚の隅のほうまでしっかり確認しましょう。

Memo　Shufoo！を使う

「Shufoo（シュフー）！」は、大手スーパーはもちろん、ドラッグストアや家電量販店、ホームセンターなどのチラシ情報、セール、クーポン、キャンペーンが無料で検索できるWebサービス（https://www.shufoo.net/）です。見たい地域で店舗を絞り込むことができる、とても便利なサービスです。Webサイトからでも、スマホアプリからでも利用できる、リサーチに役立つアイテムです。

業務系店舗でのせどりのポイント

業務用スーパー
ホームセンター

業務系といえば、プロへの販売に特化した店舗と思われがちですが、一般の人が普通に買い物できるところもあります。ここでは、業務系店舗で上手に仕入れる方法を解説します。

利益商品を見つけるポイントは？

業務用スーパーも使える！

業務用スーパーは、飲食店などのプロが使う業務用食品を販売するスーパーです。家庭用とは異なり大容量パックの商品が多く、しかも格安で購入できるため、最近人気の業態です。もちろん、一般の人も、普通のスーパーのように利用できます。

たとえば、業務用スーパーの大手「**業務スーパー**」では、セールもあります。また、いつものスーパーでは手に入らないような、現地で人気の世界中の商品を仕入れることができるので、高値での転売が期待できます。ただし、**食品のせどりには制限がある**ため、確実にせどり可能な商品を選びましょう。キッチン用品や日用品もあるので、リサーチしてみましょう。

以下、業務用スーパーのWebサイトをまとめます。

店舗名	Web サイト
業務用スーパー A	Web サイト（https://www.gyomusuper.jp/）で、お得情報の確認が可能。
業務用スーパー B	Web サイト（http://www.hanamasa.co.jp/）で、お得情報の確認が可能。
業務用スーパー C	Web サイト（https://promart-official.com/）で、お得情報の確認が可能。
業務用スーパー D	Web サイト（http://www.oomitsu.com/#amica）で、お得情報の確認が可能。

ホームセンターも使える！

業務系というと、**ホームセンター**も商品ジャンルが豊富な仕入れ店舗として、リサーチする価値あり。しかし、ホームセンターでは、時期や商品を絞ったリサーチ、仕入れをおすすめします。なぜなら、商品の種類が多い、そして、店舗が広い。とにかく、時間がかかってしまうのです。反対に、他の店舗では品切れだった人気商品が手に入ったり、ライバルが少なかったりと、賢く使えばかなりの穴場なのです。

ホームセンターで効率的に仕入れるには、他の仕入れ先と同様に、次のポイントを押さえておきましょう。

- **ワゴンセールは外さない**
- **割引率の高い商品をチェック**
- **セール（決算、年末年始など）を狙う**

店舗せどりの醍醐味は、値札を直接確認できること。割引価格から「さらに」安くなっているような商品を見つけたら要チェックです。

ただし、ホームセンターでは、独自ブランドを展開しているところもあります。このような商品は、利益率が上がらないことが多いので、注意しましょう。**人気のあるメーカーの商品をチョイス**してください。

以下、代表的なホームセンターのお得ポイントをまとめます。

店舗名	Webサイト	決算月
ホームセンターA	Webサイト（https://www.dcm-hc.co.jp/）で、お得情報の確認が可能。	2月
ホームセンターB	Webサイト（https://www.komeri.com/disp/CKmSfShopSearchEntry.jsp）で、お得情報の確認が可能。	3月
ホームセンターC	Webサイト（https://www.hc-kohnan.com/）で、お得情報の確認が可能。	2月
ホームセンターD	Webサイト（https://www.nafco.life/hc/）で、お得情報の確認が可能。	3月
ホームセンターE	Webサイト（https://www.cainz.com/）で、お得情報の確認が可能。	2月

中古品店でのせどりのポイント

アパレルせどり
中古せどり

中古品店で仕入れを行うときには、目的の商品に強い店舗を選んでリサーチすることで利益率が上がります。ここでは、中古品でせどりを行う際のポイントと注意点を解説します。

ファッションアイテムを仕入れる

洋服、アクセサリーなどのファッション系商品は、小さく梱包でき、配送費を抑えることができる優秀なせどりアイテムです。また、仕入れのできる店舗も多く、「**アパレルせどり**」は、ファッション好きにはたまらないジャンルでしょう。常にトレンドを意識しておくことはもちろん、ファッションアイテムを仕入れる際には、以下のことを注意してリサーチしましょう。

次のシーズンに売れるものを仕入れる
相場をしっかりと把握する
中古品販売には古物商免許が必要

ファッションアイテムにはシーズンがあります。当然、その季節に必要なものが売れるわけなので、仕入れは、その前から行っておく必要があります。とくに定番のアイテムの場合は、冬物は春〜夏のセール時に仕入れておきましょう。

また、メーカーによってどのくらいの値ごろ感で売買されているのか、しっかりとリサーチしておくことも重要です。コートひとつとっても、ブランドによって売れる価格は全く異なります。とくに、中古市場は相場がなかなか読めません。メルカリやヤフオクなどのフリマアプリ系サイトを参考にしながら、常に売れる価格帯を把握しましょう。

とくにファッションアイテムは、新品を仕入れることが難しいジャンルです。しかし、中古品の売買には、古物商免許が必要。ファッションアイテムでの「**中古せどり**」を考えているのであれば、早めに古物商免許の申請を行っておきましょう。

なお、**アパレルせどりをする場合は、古着屋やリサイクルショップが仕入れ先になります。**リサイクルショップには、ファッションアイテムのみを扱うところと、いろいろなジャンルのものを扱いながらファッションアイテムも充実しているところもあります。また、ファッション系のアイテムには、洋服、アクセサリー、バッグ、靴などがあり、品揃えも店舗ごとに異なるので、リサーチの際は、いろいろな店舗に足を運ぶべきです。

以下、ファッションアイテムを置く、代表的なリサイクルショップをまとめます。

店舗名	Web サイト
中古品店 A	・アパレル以外のアイテムも豊富。 Web サイト（https://www.2ndstreet.jp/）で、キャンペーンやイベントの確認が可能。
中古品店 B	・アパレル以外のアイテムも豊富。 Web サイト（https://www.treasure-f.com/）で、キャンペーンやイベントの確認が可能。
中古品店 C	・アパレル専門のリサイクルショップ。 Web サイト（https://www.kingfamily.co.jp/）で、キャンペーンやイベントの確認が可能。
中古品店 D	・アパレル専門のリサイクルショップ。 ・毎週水曜日に価格が値下がりしていくシステム。 Web サイト（http://www.dondondown.com/）で、キャンペーンやイベントの確認が可能。

検品はしっかりと。状態は正しく伝えて販売する

ファッションアイテムで最も大切にしなければいけないのが、**検品**です。新品でもシミやほつれのチェックは必要ですし、中古品に至っては、シミやほつれ、擦れ、色褪せなどのダメージがある可能性は大いに考えられます。これらを伝えずに販売すれば、当然、クレームになります。せどりの鉄則として、正しく伝えて、正しく販売することで、納得して購入してもらうことが重要です。

また、販売後の配送時にも注意が必要です。ファッションアイテムはコンパクトに収まるので、送料を考えれば、どうしても簡易的な包装にしたくなります。しかし、雨などの水に濡れてしまえば、商品の状態が悪くなり、クレームの要因にもなり兼ねません。

受け取ったお客様が買ってよかったと感じる心遣いが必要です。

ゲームや書籍を仕入れる

古着以外に、中古品といってイメージしやすいものといえば、ゲームや古本ではないでしょうか。これら、定番の中古商品を店舗で仕入れるには、中古専門のゲーム買取店、古本屋、または、リサイクルショップです。ゲームや書籍を置いているリサイクルショップは、全国展開している大手も多く、リサーチしやすいジャンルです。

通常時でも30%～50%オフになっているゲームソフトもありますが、当然、仕入れはセールを狙っていくのがベスト。しかし、店舗によって価格が全く違っていたりする場合もあるので、とにかく、時間と体力を使って、複数の店舗を回ってみましょう。

以下、書籍やゲームを扱う、代表的なリサイクルショップをまとめます。

店舗名	Web サイト
リサイクルショップ A	・書籍、ゲーム、DVD・CD、おもちゃ、トレカ、家電、携帯、洋服（古着）などを扱う。 Web サイト（https://www.bookoff.co.jp/）で、キャンペーンやイベントの確認が可能。
リサイクルショップ B	・ゲーム、DVD・CD、携帯、PC、家電などを扱う。 Web サイト（https://geo-online.co.jp/）で、キャンペーンやイベントの確認が可能。
リサイクルショップ C	・書籍、ゲーム、DVD・CD、トレカなどを扱う。 Web サイト（https://tsutaya.tsite.jp/）で、キャンペーンやイベントの確認が可能。
リサイクルショップ D	・書籍、ゲーム、DVD・CD、トレカ・フィギュアなどを扱う。 Web サイト（https://www.suruga-ya.jp/）で、キャンペーンやイベントの確認が可能。

リサーチツールを活用しよう！

ゲームや書籍は比較的売りやすいジャンルですが、ライバルも多い商材なので、リサーチはとても重要です。他店より安く仕入れられそうな商品を見つけたら、**リサーチツール**でしっかりとチェックし、どのくらいの利益が見込めそうか確認しながら仕入れましょう。

たまに掘り出し物の「**レトロゲーム**」が見つかることもあります。フリマ系アプリでは、プレミア価格で売買されているものもあるので、フリマ系アプリでの相場もチェックしましょう。

なお、ゲームジャンルはソフトよりも周辺機器が狙い目（Sec.34参照）であることを忘れずに仕入れましょう。

◘幅広いジャンルをリサーチしよう！

大手のリサイクルショップは、買取希望が多いため、商品も充実しています。せっかくなので、幅広いジャンルをリサーチしましょう。

たとえば、ゲームであればゲーム機やゲームの種類、書籍であれば雑誌やマンガなどのジャンルが豊富で、ゲーム、書籍共に、幅広い世代を包括できる商品です。言い換えれば、とても売りやすい商品ということ。さらに、書籍に至っては、初期費用がほとんどなくても始められる初心者に優しいジャンルですので、はじめて扱う商品にはもってこいです。

ジャンルにとらわれず、気になったものはリサーチツールでチェックしながら、利益率の高い商品を狙って仕入れましょう。

hontoを使う

「honto」は、大型書店の店舗在庫を確認することができるWebサイトです。

丸善・ジュンク堂・文教堂などの大型書店と提携し、希少な本・ネット書店で在庫切れの本なども見つけることができます。店舗に行って本の在庫を確認する必要がないため、仕入れの際に便利です。また、丸善・ジュンク堂では、取り置きも可能です。

●hontoでできること
・近所の書店に取り寄せる
・配送や店舗受け取り
・共通ポイントの利用が可能

事前に在庫を確認したり、遠くの店舗に行かなくても購入できたりと便利なhonto。効率的なリサーチに役立つツールです。是非、確認してみてください。漫画などの単行本のセット販売についてはP.122を参照してください。

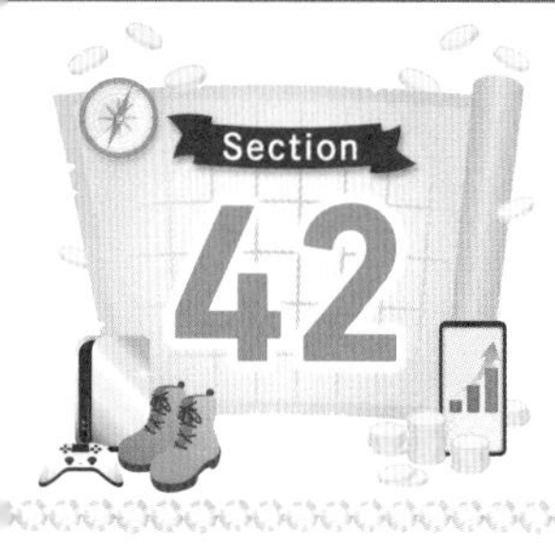

中古品を仕入れる場合は古物商が必要

古物商免許
未使用品

販売を目的に仕入れた商品は、基本的に中古品とみなされます。そのため、せどりを安心して副業にするためには、古物商免許が必要です。

せどりをするなら古物商免許を

自分の持っている不用品（中古品）を販売する分には問題ありませんが、利益を得るために中古品を仕入れて販売する「中古せどり」を行う場合は、古物商免許が必要です(Sec.06参照)。

Amazon、ヤフオクやメルカリなどを販路にした場合、継続して中古品を販売していると、**アカウント停止（垢BAN）**させられてしまう可能性があるだけでなく、最悪の場合、懲罰の対象となります。

そもそも、**新品で仕入れても破損して中古品として捌くこともあるかもしれないので、その時のために古物商免許を取っておきましょう。**新品を仕入れたから問題ない、ということではありません。

以下、販売サイトの中古の定義をまとめます。

サイト	定義
Amazon	・未開封および未使用品以外 ・メーカー保証有効期限が切れているもの＋始まっているもの ※保証印が押印されているものは中古品となる
ヤフオク	・基本的に中古品（未使用・未開封品は「新品・未使用」として分類される）
メルカリ	・基本的に中古品（未使用・未開封品は「新品・未使用」として分類される）
ラクマ	・基本的に中古品（未使用・未開封品は「新品・未使用」として分類される）

古物商免許を取って仕入れ先を増やす

古物商許可を持っていると、中古品も扱えるようになり、**仕入れの幅が格段に広がります。** 大手、ご近所問わず、中古品店やリサイクルショップには、超利益商品を仕入れられる可能性があります。たとえ「副業」だとしても、せどりで稼ぎたいと考えているのであれば取るべきです。

また、せどり界でも、手続きの面倒さから、なかなか中古品に手を伸ばせない人たちもいます。ライバルの少なさからも、是非、万全の体制を整えるべきです。

なお、古物商免許を取ると、以下のようなことができるようになります。

古物商の許可が

必要	不要
❶中古品を仕入れて転売する	❶自分の持っている不用品を売る
❷中古品を売って手数料をもらう	❷無償でもらったものを売る
❸中古品を別のものと交換する	❸購入した金額より安価で売る
❹中古品を仕入れてレンタルする	
❺中古品を海外で転売する	

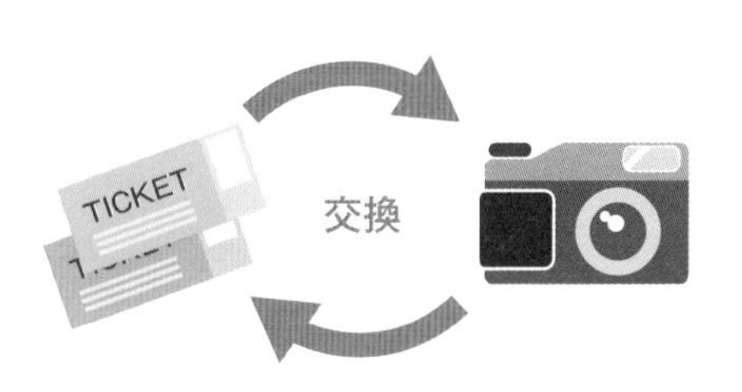

このように、**古物商免許を取ることで、売買の幅は間違いなく広がります。**

せどりのみならず、リサイクルショップやアンティークショップなどの開業も可能になります。

ちなみに、自分が行っている売買が**中古品の売買として違反行為に当たるかどうかは、警察署が判断**します。

気持ちよく仕事をするためにも、先行投資にはなりますが、古物商免許の取得をおすすめします。

店舗で商品をチェックするときのポイント

プレ値商品
セラーリサーチ

店舗で商品をチェックする前には、リサーチが必須です。ここでは、どの商品を仕入れるか、その商品にいくらまで出せるかをリサーチする方法を解説します。

店舗に行く前にリサーチする

仕入れに行く前にまずやらなければならないこと、それは、リサーチです。リサーチツールを使ったり、フリマ系アプリを使ったりしながら、売れ筋や価格帯、プレ値商品などをリサーチしてから仕入れに行くことで、効率的な仕入れができます。

リサーチは、リサーチツールだけでしかできないわけではありません。とくに、プレ値が狙えるトレンドを意識した仕入れをしたい場合、Twitterなどの「SNS」、「Yahoo !リアルタイム検索」、「5ちゃんねる」なども有効なリサーチツールになります。

これらのツールを使って、次のことを決めてから店舗に足を運ぶべきです。

何を買うか
いくらで買うか

まず、これらのことをリサーチせずに店舗に行ってしまうと、迷ったり、探したりしているうちに時間ばかりが過ぎることになり、よい仕入れをすることが難しくなります。そのうえ、「店舗に行ったのに結局何も仕入れられなかった。」では、せどりで稼ぐことはできません。

もしも、何をどうリサーチしてよいかわからないという場合は、**生産終了・生産停止の商品**や**初回限定版の商品**を中心にリサーチしてみるのもよいでしょう。これらの商品は、プレ値になる可能性大です。とくに、生産終了・生産停止の商品は、需要と供給のバランスが崩れるため、ネット価格が上がりやすく、利益が取れる場合があります。

Keepaでリサーチしてプレ値商品を狙う

プレ値商品を仕入れたいときには、「Keepa」で事前にリサーチしましょう（Sec.26参照）。

Keepaは、Amazon内で販売されている商品の価格変動を自動で追跡するツールです。

プレ値商品は、店舗に行ってすぐに判断したり、見つけられるものではありません。事前に十分にリサーチしておき、売られている価格帯を考え、いくらなら買いかを決めておく必要があります。

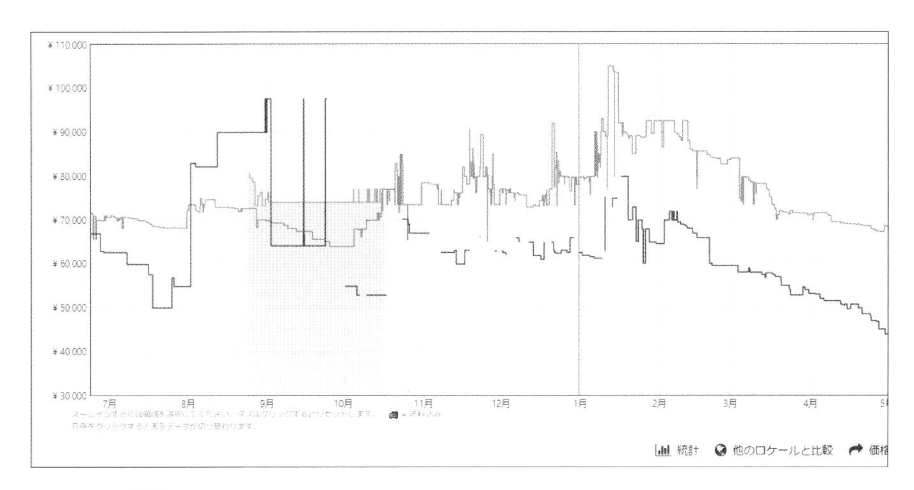

▲ Keepaの画面

新品であっても中古品であっても、現状の販売価格より安い金額で仕入れなければ意味がありません。このグラフを見ても、時期によって、販売価格に変動があることが分かります。販売されている価格が分からない状態での仕入れがいかに危険か、おわかりいただけたのではないでしょうか。

このように、仕入れの際は、Keepaで探しておいたプレ値商品はしっかりと頭に入れ、店舗で見つけたらすぐピンと来るようにしておきましょう。

セラーリサーチで商品をピックアップ

「**セラーリサーチ**」は、利益商品を販売している出品者を検索し、さらに、その出品者が扱っている商品をリサーチすることです。 利益を出している人が扱っている商品は、きっと売れるに違いない！という理屈です。

セラーリサーチには特別なツールはいりません。Amazonのサイトで注目する出品者の「**ストアフロント**」を開くと、その出品者がこれまで出品してきた商品が分かります。

なお、出品者のストアフロントを開く手順は、次のとおりです。

❶ 商品ページから金額のリンクをクリックします。

❷ ストア名をクリックします。

❸ <○○のストアフロント>をクリックします。

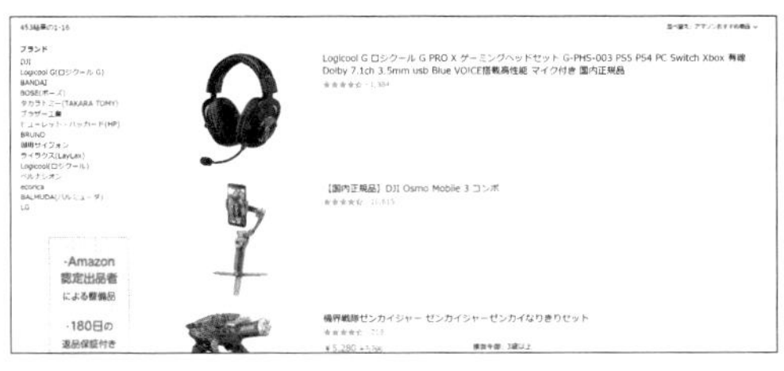

❹ ストアフロントが開きます。

このような手順で、注目する商品を出品している出品者の商品ラインナップを参考に、仕入れ商品をリサーチしていきます。ちなみに、価格の横に「prime」がついている出品者は、フルフィルメント by Amazon（FBA）出品者です。

とくに初心者は、セラーリサーチをすることで、どのような商品を仕入れたらよいのか、どのような商品が利益商品になるのかを学ぶことができ、仕入れる商品もあらかじめピックアップしておくことができます。

セラーリサーチでピックアップしておいたセラーの商品は、しっかり頭に入れておき、店舗でその商品を見つけた時は、しっかりチェックしましょう。

セラーリサーチの使い方としては、たとえばA店で利益商品Bを見つけたとします。そのBを売っている出品者をセラーリサーチして、「ほかに何を売っているか」についてチェックします。そうすると、そのA店で利益が出る商品がほかにも見つかる可能性があります。もちろん、違う店舗で仕入れた商品の可能性もありますが、A店に強いセラーを見つけられると今度はその人の出品を見て、大体の検討を付けてから、店舗せどりに行けるので、リサーチが効率的になります。これはあとで出てくる、楽天市場のリサーチでも同じように使うことができます。

キャッシュレス決済を有効に使って仕入れよう

キャッシュレス決済
スマホ決済アプリ

クレジットカードやスマホ決済アプリを使って支払いをすると、店舗のポイントだけでなく、カードやアプリのポイントも貯まります。ここでは、お得なキャッシュレス決済について解説します。

ポイントを貯めて利益率を上げる

せどりで利益を上げるには、「安く仕入れる」と共に、「ポイントやクーポンをうまく貯める」ことも重要になります。ポイントはお金と同じように使えるので、実質、収入といえます。ポイントやクーポンをうまく貯め、利用することで、安く仕入れることが可能になります。

ポイントやクーポンを効率的に貯めるには、**キャッシュレス決済**の利用が有効です。キャッシュレス決済には、次の2種類があります。

- クレジットカード
- スマホ決済アプリ

クレジットカードでは、カード会社ごとにさまざまなサービスがあります。たとえば、ポイント還元率がアップする優待特典があったり、ショッピングだけでなく、旅行や飲食などで会員限定の割引やサービスが受けられたりします。

店舗での支払いに利用すれば、店舗で発行しているポイントやクーポンだけでなく、クレジットカードでもポイントが貯まるので、現金で購入するより確実にお得です。

このように、クレジットカードのメリットは、現金を持ち歩かずに済むだけではありません。**せどりをする場合は、1枚はクレジットカードを用意しましょう。**

PayPayやLINE Payなどに代表される「**スマホ決済アプリ**」は、一時期大々的にキャンペーンを打っていたので、その時に入れたという人も多いかもしれません。

最近、スマホ決済アプリは、国の補助金事業の対象になることが多く、キャッシュレス･消費者還元事業として最大5%が還元されたり、マイナポイント事業(マイナンバーカードと連携させる)としてチャージ額または利用額の25%分のポイントが付与されたりするキャンペーンがあったことも記憶に新しいのではないでしょうか。

店舗でも、**還元キャンペーンやポイントのキャンペーン**などを行っています。たとえば、d払いキャンペーンとして、飲食業界とコラボしたポイントアップや還元キャンペーンなどを行っています。

スマホ決済アプリは、まだまだ普及を目的としたキャンペーンが多く打たれることが考えられます。普段の生活からコツコツとポイントを貯め、仕入れにうまく利用すれば利益率は格段に上がります。

ここでは、代表的なスマホ決済アプリをまとめます。

アプリ名	Webサイト
PayPay	https://paypay.ne.jp/
LINE Pay	https://pay.line.me/portal/jp/main
楽天ペイ	https://pay.rakuten.co.jp/
メルペイ	https://www.merpay.com/
d払い	https://service.smt.docomo.ne.jp/keitai_payment/
au Pay	https://aupay.auone.jp/
J-Coin Pay	https://j-coin.jp/

各社、利用できる店舗もどんどん増えています。まだ使ったことがないという人は、アプリごとの特徴を見ながら、一番自分の生活スタイルに合ったアプリを使ってみてください。

PayPay　おすすめクーポン

URL https://paypay.ne.jp/event/coupon/

クリスマスや決算時期はセールが狙い目

クリスマス
決算セール

セールを制する者はせどりを制するといっても過言ではありません。ここでは、最も注目すべき「クリスマス・年末年始商戦」、「決算セール」について解説します。

セール時期を知る

リサイクルショップ、スーパー、家電量販店、百貨店……それぞれ業態は異なりますが、セールの時期は共通で、大体、次のようなタイミングで開催されます。

クリスマス
年末年始
決算期

このような時期に開催されるセールでは、割引はもちろん、ポイント還元やクーポンの発行など、各店舗ギリギリの価格で行われることが多く、このタイミングで仕入れるのが狙い目です。

さらに、クリスマスから年末年始にかけての時期は、1年間で最も売れる時期でもあります。仕入れはもちろんのこと、販売にも力を入れたい**せどり繁忙期**といえます。

とくに、クリスマスから年末年始にかけて動きが多いジャンルには、おもちゃ、ゲーム、アパレル、家電製品などが挙げられます。普段、あまり売れないものでさえも売れる時期。思わず仕入れにも力が入ってしまうかもしれませんが、仕入れの基本的なスタンスは崩さないよう注意が必要です。ロスが出たり、在庫を抱えることにならないよう、この一年最大の繁忙期に備え、事前に十分、リサーチをしておきましょう。ちなみに、季節ものの大量仕入れはタブー。万が一、在庫となった場合は、1年間保管しなければいけないことになります。売れなければ、当然、資金ショートになります。

クリスマスから年始にかけての時期のセールでは、季節に左右されない商品を仕入れましょう。

決算期のセールも、見逃せません。決算期のセールでは、主に「在庫処分」の意味合いが強く、まさに底値が期待できます。せどりで確実に稼ぐには、仕入れ店舗の決算月を確認しておきましょう。

ここでは、代表的な百貨店のWebサイトと決算月をまとめます。

店舗名	Webサイト	決算月
百貨店A	https://www.takashimaya.co.jp/	2月
百貨店B	https://www.daimaru.co.jp/	2月
百貨店C	https://www.matsuzakaya.co.jp/	2月
百貨店D	https://www.matsuya.com/	2月
百貨店E	https://www.d-kintetsu.co.jp/	2月
百貨店F	https://www.tokyu-dept.co.jp/	3月
百貨店G	https://mitsukoshi.mistore.jp/store/index.html	3月
百貨店H	https://isetan.mistore.jp/store/index.html	3月

百貨店は比較的、2月3月が決算月が多くなっていますが、1月から12月まで、1年中どこかの会社が決算を迎えています。**決算月を管理しておけば、毎月が仕入れ月**になります。毎月安定した収入が期待できるということになります。

セール時期をうまく管理し、利用して、上手に仕入れて、高く売る。このサイクルを身に着けましょう。

Memo 決算セールが2回あることも

一般的に、決算セールは年に1回開催される店舗がほとんどですが、半期に1度、年に2回決算セールを行うところもあります。
それぞれ、会社によって実施の時期も仕方も異なるので、Webサイトなどで確認しましょう。

季節ものは狙い目

季節せどり
シーズンオフ

季節ものを扱うせどりでは、何を仕入れるか、いつ仕入れるかによって利益率が大きく変わってきます。ここでは、季節ものの仕入れ方と仕入れ時期について解説します。

シーズン商品のせどり

季節によってイベントがあったり、気候が変わったりと、四季のある日本では、売れるものもシーズンによって変わります。常にシーズンに合ったものを売っていくことで、利益率はどんどん上がります。つまり、季節ものを扱う「**季節せどり**」は、稼げます。

ただし、その季節にその季節のものを何も考えずに仕入れているようでは、利益商品にはなりえません。夏であれば夏前に夏物の商品をマークしておいて、値段の上がった瞬間に大量仕入れをします。

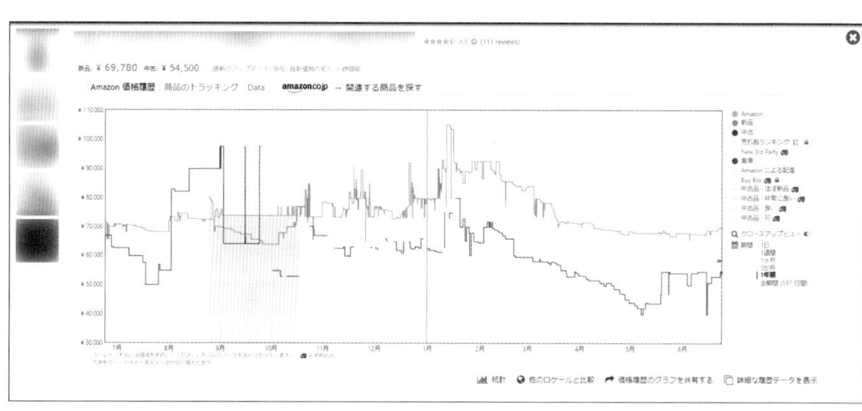

▲ ファンヒーターの1年間の価格推移

また、ハロウィンやクリスマス、入学式や卒業式といったイベントでたった1回しか着なかったようなアパレル製品は、とくにフリマ系アプリでシーズンオフに出回ります。イベント時期になると品薄になるため、確実に需要は高まります。さらに、水着やスキー用品などのシーズンオフのものは、当然、セールで格安で売り出されます。

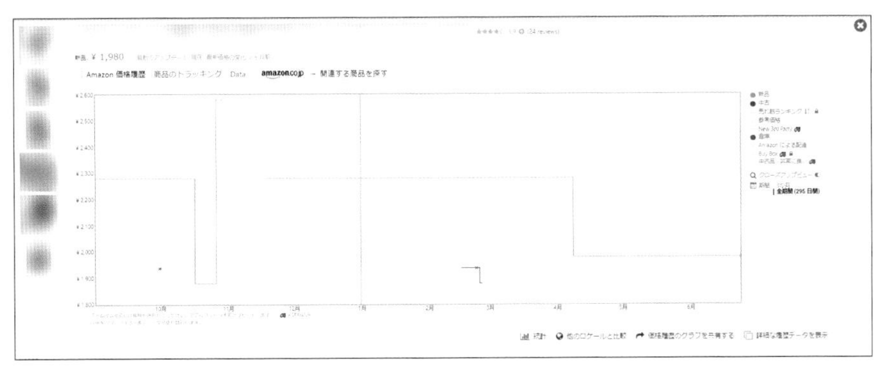

▲ ハロウィン用コスプレ衣装の価格推移

せどりでは、シーズンオフに仕入れ、シーズンインに売るのが基本と思われがちですが、シーズンオフに大量に仕入れては、資金がない初心者にはとても難しい状況になるので注意が必要です。

◘季節ごとの人気商品はなに？

季節ごとの人気商品を把握しておくと、シーズンが終わった時点で「仕入れ」に気持ちを切り替えることができます。

ここでは、とくに夏と冬によく売れる商品の一部をまとめます。

夏期	冬期
サーフボード、日傘 かき氷器、除湿機 扇風機、クーラーボックス 水着、浴衣 サンダル、草履	スキー用品、スノーボード カセットコンロ、加湿器 石油ストーブ、電気ストーブ こたつ、望遠鏡 ニット、アウター

利益商品とはいえ、シーズンオフに仕入れることで販売まで間があり、場所を取るというデメリットがあります。保管場所を考えながら、何を仕入れるか考えましょう。

本はセット販売が基本 仕入れもセットで

セット販売
リサーチツール

マンガは巻数の多いものが多く、全巻一気に読みたいから、敢えて中古市場で手に入れるという人もいます。ここでは、セット販売の有効性と便利なツールについて解説します。

本はセット販売が基本

そもそも、「せどり」は古本から由来する言葉ですが、今でも、古本は、少ない資金ではじめられるせどりの代表的な商品といえます。

たとえば、1冊100円で仕入れられるマンガが30巻発売されていた場合、

100円×30冊＝3,000円（+税）

で仕入れられます。そこにプラス販売後の送料として1,000円ほど（ゆうパックなら800円くらい）準備しておけば、4,000円程度の初期費用ではじめられます。

また、人気のあるものをリサーチしやすいところも特徴です。なかでもマンガは、利益商品になりやすいジャンル。最近では、巻数の多いマンガも多く、**1冊ずつ売るよりもセット販売するほうが売れ筋もよい**うえ、利益率も上がります。

リサーチツールを活用しよう！

セット販売する際に、1巻でも抜けていては売り物になりません。そのようなときは、リサーチするためのツールを使って、抜けている巻を効率的に探しましょう。

以下、便利な**リサーチツール**をまとめます。

書籍横断検索システム（http://book.tsuhankensaku.com/hon/）
：複数のオンライン書店から、価格・在庫状況を一括検索
全巻君（https://zenkankun.xyz/zenkankun_lp.php）
：販売価格の検索、仕入れ状況の管理ができるトータルツール（有料）

お宝を探そう！電脳せどり

ネットから仕入れる電脳せどり

- ネットせどり
- ポイントせどり

近年の物販ビジネスは、インターネットを活用して商品を仕入れる電脳せどりが人気です。ここでは「ネットせどり」と「ポイントせどり」について解説します。

ネットせどり

ネットせどりは、通販サイトなどを利用して商品を仕入れる手法です。電脳せどりの中で最もポピュラーな手法です。

ネットせどりのメリットは以下の通りです。

●店舗に行く必要がない

店舗仕入れは、移動時間やリサーチのための時間がかかります。さらに、大量に仕入れる場合は車が必須なので、在住地域によっては厳しい場合もあるでしょう。その点、ネットせどりであればわざわざ店舗に足を運ぶ必要がないので、移動・リサーチ時間は不要です。一度に大量に仕入れできるのも、ネットせどりならではの大きなメリットです。

● 24時間いつでも仕入れできる

ネット仕入れは、スマホやパソコンがあれば24時間いつでも仕入れできるので、本業の合間に手軽に仕入れできます。店舗の営業時間を気にする必要もありません。

●全国のネットショップから仕入れできる→商品の幅が広がる

ネットせどりは全国のネットショップから仕入れできるので、取り扱う商品やジャンルの幅が広がります。在住地域によっては店舗が遠かったり、同じチェーン店であっても商品や値段に差異があったりします。ネット仕入れであれば、このような地域格差を気にする必要がないのもポイントが高いです。

ネットせどりのデメリットは次ページの通りです。

●商品が手元に届くまで時間がかかる
　ネットで購入した商品は、手元に届くまで数日程度時間がかかります。仕入れ後すぐに出品できないため、売り時を逃す可能性があります。

●送料がかかる
　ネットで購入した商品は、基本的に送料が発生します。商品をリサーチする際は、商品の送料も考慮して仕入れる必要があります。商品価格が安くても、送料が高ければ利益率はかえって下がってしまいます。

●商品を手に取って見ることができない
　ネットせどりの最大のデメリットが、商品を手に取って見ることができない点です。商品の状態は、写真と説明文しか判断材料がありません。そのため、手元に届いた商品が思っていたものと違うというケースも少なくないようです。とくに、中古品を扱う場合は見極めが必要です。

ポイントせどり

　ポイントせどりとは、ネットショップやポイント還元サイトのポイントを使って安く仕入れる手法です。主に楽天市場やヤフーショッピングを活用します。ネットせどりよりもリスクが少ないため、電脳せどり初心者におすすめです。

●還元率アップの支払い方法やイベントを活用するとお得
　ネットショップでは、指定の支払い方法やセールなどを活用することで、還元率がアップします。通常よりもポイントをより多く貯めることができるので、次回の仕入れがお得になります。

●ライバルが多く値崩れしやすい
　還元率がアップするセール中は、普段よりもお得に仕入れできます。しかし、裏を返せばライバルセラーも条件は同じです。似たような商品を仕入れるため、転売しても値崩れしやすくなる傾向が高いです。そのため、値崩れしにくい商品を見極めて利用する必要があります。

電脳せどりに必要なツール

- Google Chrome
- モノサーチ

電脳せどりは、最も安いタイミングで仕入れることが重要です。しかし、ECサイトの商品は日々販売価格が変動しているため、動向をチェックすることが欠かせません。

Google Chrome

Google Chromeは、検索エンジンGoogleでお馴染みのGoogle社が提供している無料のウェブブラウザです。Google Chromeは、「Chrome ウェブストア」でさまざまな拡張機能をインストールして、より便利に利用できます。

実は、電脳せどりで使用するほとんどのツールは、Google Chromeの拡張機能です。第3章で解説した「Keepa」も、Chromeの拡張機能の1つです。 Windows標準のブラウザ「Microsoft　Edge」はせどり向けの拡張機能がほとんど利用できないので、断然Google Chromeがおすすめです。無料で利用できるので、せどりを始める前には必ずGoogle Chromeをインストールしておきましょう。

▲ 「Google Chrome（https://www.google.com/chrome/）」からインストールできます。

モノサーチ

モノサーチとは、Chrome ウェブストアからダウンロードできる無料ツールです。たとえば、Amazonで商品をリサーチしている際に「この商品は他のサイトではいくらで売っているんだろう?」と思うときがあります。普通は、楽天市場などほかのサイトにアクセスして値段を確認する人が多いでしょう。しかし、モノサーチを使えばこれらの手順を簡略化し、非常に効率よくリサーチできます。

1 まずはChrome ウェブストアにアクセスし、Chromeにモノサーチを追加します。追加後は、画面下部にモノサーチが表示されます。

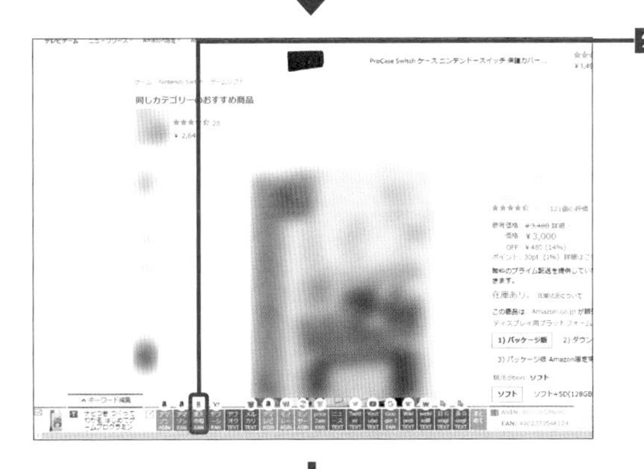

2 ECサイトで調べたい商品を表示した状態で、ツールの中から価格を調べたいECサイトのボタンをクリックします。ここでは、楽天市場での販売価格を調べるために、「楽天市場」をクリックしましょう。

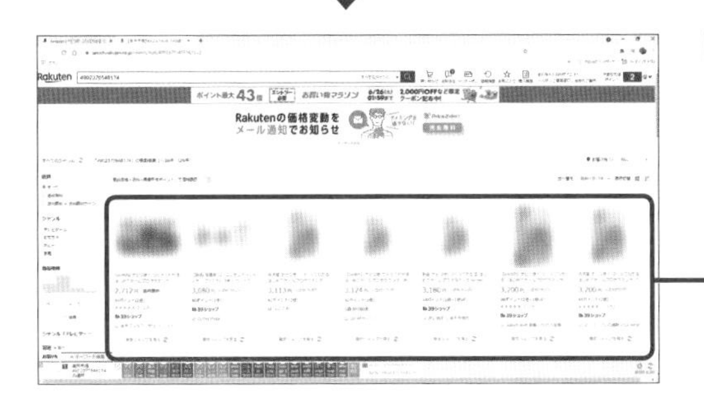

3 楽天市場にリンクされ、手順2で表示していた商品の販売価格が表示されます。ほかにも、「OPTION」から任意のサイトを追加したり、非表示にしたりしてカスタマイズできます。

ショッピングリサーチャー

ショッピングリサーチャーとは、Chrome ウェブストアからダウンロードできる無料ツールです。追加すると、Amazon上でほかのECサイトの価格や価格推移を確認できます。また、モノサーチのようにほかのECサイトへ素早く遷移できます。無料でも利用できますが、月額3,980円の有料版に加入すると、より詳しい情報を参照できるようになって便利です。

1 まずはChrome ウェブストアにアクセスし、Chromeにショッピングリサーチャーを追加します。追加後は、画面右側にショッピングリサーチャーが表示されます。

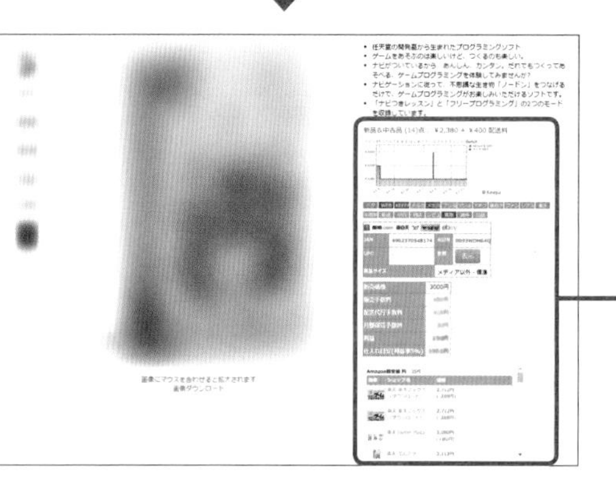

2 Amazonで商品ページを表示すると、ほかのECサイトの販売価格やAmazonでの価格推移などを確認できます。

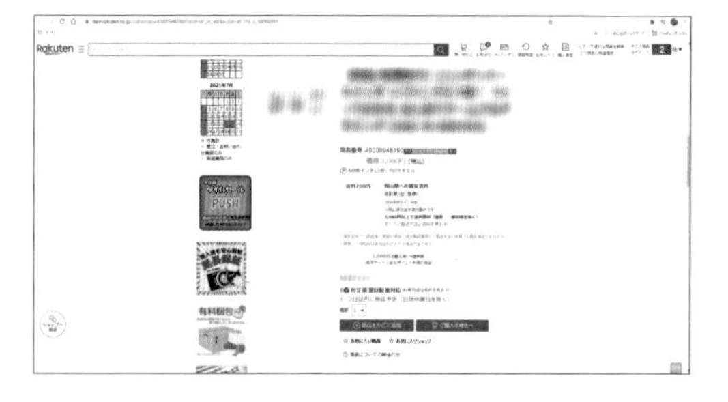

3 任意のショップ名をクリックすると、該当のECサイトへスムーズに遷移します。

第5章 お宝を探そう！ 電脳せどり

その他のツール

せどりすとプレミアム（月額5,000円（税別） ※初月のみ10,000円）

http://www.sedolist.info/premium/#pricing

せどりすとは、商品のバーコードを読み取り、検索・出品・リスト化などを円滑に行うためのせどりツールです。有料版は、代引き・コンビニ支払い除外出品してライバルが出品している商品に手を出されないようにしたり、複数商品やオレ様価格に引っかからないようにするアラートを出したりなど、せどり被害に遭わないための機能を利用できます。

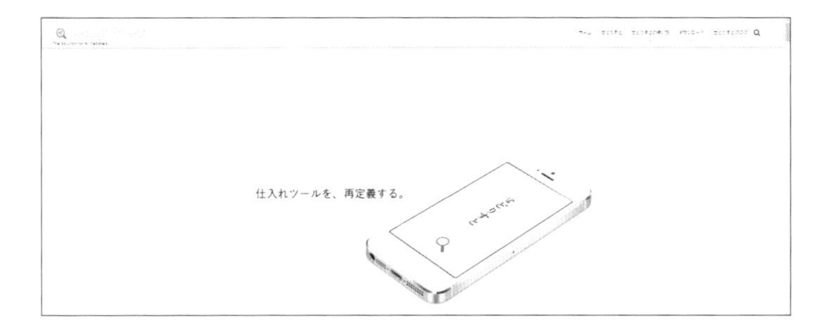

マカド！（月額4,980円（税込））

https://makad.pw/#order

マカド！は、ブラウザ利用・FBA・自己出品に対応したツールです。継続的に利益を出すための値下げ幅リミッター、Amazon価格除外機能、価格改定上限下限などの機能を利用できます。電脳せどりメインの方におすすめのツールといえるでしょう。

上記以外にもKeepaがおすすめです。Keepaについては第3章を参照してください。

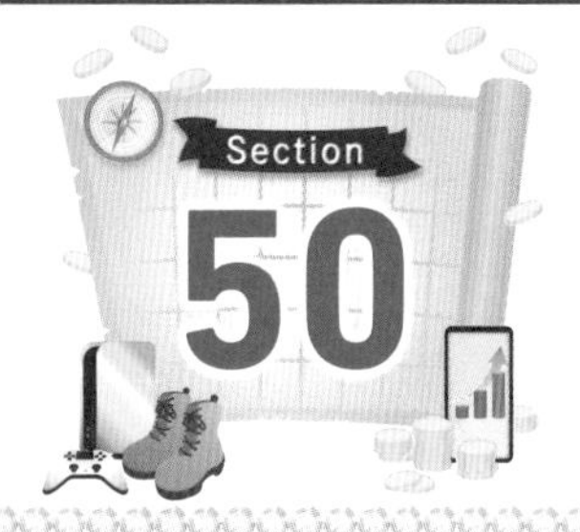

Section 50 電脳せどりは意外な商品が安く手に入る

電脳せどり
仕入れできる商品

店舗で販売されている商品よりも、実はネットの方が意外にも安く入手できる商品があります。ここでは、ネットの方が安い商品ジャンルを7つ紹介します。

電脳せどりで安く仕入れできる商品

食料品・飲料水

食料品や飲料水はまとめ買い割引を提供しているネットショップが多いため、店舗で単品購入するよりも安く購入できます。日用品なので回転率がよいのですが、残念ながらAmazonでは食品や飲料は制限対象商品となっています。期限や在庫の問題もあり扱いが難しいため、初心者のうちは避けたほうがよいかもしれません。

洗濯洗剤・柔軟剤

意外にも、ホームセンター系の通販サイトでAmazonよりも安く仕入れできる商品カテゴリです。セット売りされていることが多く、大量仕入れができるのもポイントが高いです。回転率がよい銘柄は限られており、単価も安いので初心者にもおすすめです。

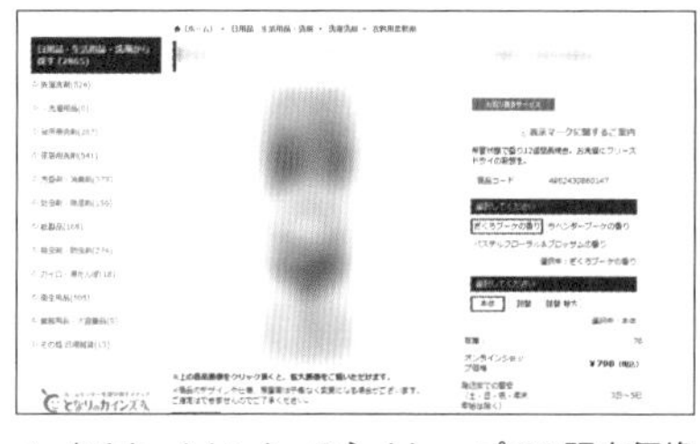

▲ あるホームセンターのネットショップでの販売価格

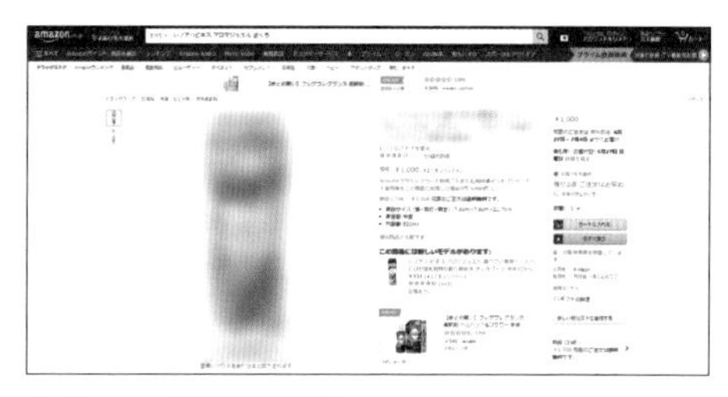

▲ Amazonでの販売価格

Memo 輸入品の化粧品・食品について

成分表記が日本語でされていないもの(ラベル等が添付されていないもの)は仕入れ対象外となるので注意が必要です(薬機法、食品の表示制度による)。

シャンプー・ヘアケア製品

こちらも、ホームセンター系の通販サイトでAmazonよりも安く仕入れできる商品カテゴリです。セット売りされていることが多く、大量仕入れができるのもポイントが高いです。回転率がよく単価も安いため、初心者にもおすすめです。ただし、銘柄が非常に多いため、利益率が高い商品のリサーチを入念に行う必要があります。

化粧品

化粧品は、公式コスメショップからであればAmazonよりも安く購入できる傾向にあります。プチプラから高単価のブランドものなど、予算に合わせて仕入れできるのもポイントが高いです。ただし、公式コスメショップがないメーカー・ブランドの商品は要注意です。

ペット関連用品

ペットフードやグッズなどは、まとめ買いすることで店舗よりも安く仕入れできます。エサやトイレ用の砂は意外と重量があるため、自宅まで運んでもらえるのも助かります。店舗に出向いて買い物するよりもネット通販を利用する人が急増しているため、回転率がよいのも魅力です。

DVD／Blu-ray

DVDせどりは、本やCDに次ぐ初心者向けの鉄板せどりと言われています。初回限定品、特典付き、生産停止、廃盤などのDVDは通常のDVDよりもプレミアが付くため、利益率が高くなります。メルカリやヤフオクなどで入手できる可能性が高いです。ただし、DVDなら何でもよいというわけではなく、タイトルによっては需要がないこともあるので見極めが必要です。

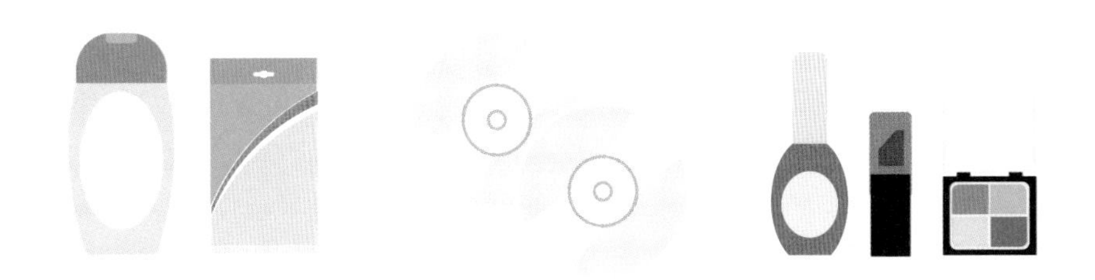

公式コスメショップでのせどりのポイント

公式コスメショップ
クーポン

初心者は、どのジャンルで需要の高い商品を探せばよいかわからないのではないでしょうか。本書では、初心者向けの電脳せどりとして公式コスメショップでのせどりを推奨しています。

公式コスメショップのおすすめポイント

「公式サイトで購入すると仕入れ値が高くなるのでは?」と感じる方も多いでしょう。しかし、公式サイトでお得に仕入れる方法やメリットを知っていれば問題ありません。公式サイトで購入するのがおすすめな理由としては以下の理由が挙げられます。

- **クーポンが配布される**
- **まとめ買いでプレゼントがサービスとしてもらえる**
- **他のアイテムとセットで購入すると割引される**
- **保証が付いてくる**
- **使用期限が長い**

公式サイトでは、よくクーポンが配布されています。そのため、通常の値段よりお得に購入できます。また、まとめ買いでプレゼントがもらえたり、ほかのアイテムとセットで購入できたりなど、複数の商品を安く仕入れできるのが公式サイトの特徴です。そのため、公式サイトでは複数の商品をまとめて仕入れることをおすすめします。

公式サイトの中には、全額返金サービスを提供しているブランドもあり、万が一のことが起きても安心して商品を購入できるでしょう。また当たり前ですが、**公式サイトで仕入れると使用期限が長いため長く販売することも可能**です。このように、あらゆる面で公式サイトの利用がおすすめです。

公式コスメショップの一例

コスメショップA

2013年に設立された日本発のメンズコスメブランドです。日本人男性の肌質・毛質・肌色を研究して、日本最先端のテクノロジーを駆使して作られたこだわりの化粧品が開発されています。そのため、男性目線でリサーチできる商品が多いのでおすすめです。楽天市場やAmazonでの商品販売数が多く、人気商品が豊富に揃っているため、スキンケアセットや限定品をリサーチしていればお得に仕入れできて売りやすいでしょう。

コスメショップB

レトロモダンなコスメ商品を提供しているコスメブランドです。大人な女性を演出する高級感と華やかなパッケージが特徴的で、ベースメイクアップの商品が豊富に販売されています。期間限定でプレゼントされる限定商品もあるため、チェックしておきましょう。

コスメショップC

グロス・マスカラベース・マスカラ・ブロウマスカラ・プライマー・パウダーなどをメインに販売しているコスメブランドです。限定商品が多数あり、各商品でさまざまな色の種類を選べることから大変人気があります。使い方や全成分も商品ページで一目で確認可能です。

コスメショップD

低価格で高品質なコスメ商品を提供している中国のブランドです。アイシャドーやグリッター、マットなどの商品を安く仕入れできます。30%オフでコスメが提供されている期間もあり、お得にまとめ買いができます。また30ドル(3,000円)以上購入で送料が無料になるため、海外の商品の中でも比較的お得に仕入れることが可能です。

Webショッピングモールでのせどりのポイント

Webショッピングモール
電脳せどり

電脳せどり初心者に最もおすすめしたいのが、Webショッピングモールを活用したせどりです。ここでは、Webショッピングモールのしくみや覚えておきたいポイントなどを解説します。

Webショッピングモールせどりのしくみ

Webショッピングモールせどりとは

インターネット上には無数のオンラインショップがあります。電脳せどりにおいて、どの店舗から仕入れするのかは悩ましい問題です。初心者にはまずWebショッピングモールを使って仕入れることをおすすめしています。

Webショッピングモールとは、複数の店舗が集まっている市場のようなもの。多くのジャンルの商品を取り扱っており、24時間365日いつでも仕入れできるため、店舗に足を運ぶのが難しい本業のある人にもぴったりです。また、同一ショップ内で大量仕入れすれば送料無料や割引などの特典が受けられることも多いのも特徴です。

Webショッピングモールせどりのメリット&デメリット

Webショッピングモールせどりのメリットとデメリットは以下の通りです。

メリット	デメリット
・24 時間 365 日いつでも仕入れできる ・自社 EC よりも商品ジャンル・商品数が多い ・一定価格以上購入することで、送料無料や割引が受けられる	・少ロット仕入れは割高 ・店舗ごとに対応が異なる ・発送に時間がかかる

Webショッピングモールせどりのコツ

Webショッピングモールをお得に活用するには、以下に紹介するコツを意識してみましょう。

よく仕入れる店舗をブックマークする

楽天市場などのショッピングモールでは、よく買い物するショップをお気に入りに登録できます。わざわざ検索しなくてもスムーズにアクセスできるので大変便利です。よく仕入れする店舗は、最優先でお気に入りに登録してきましょう。

大量仕入れを行う

多くのWebショッピングモールでは、一定の金額以上を購入することで送料無料になるサービスを行っています。送料を節約できるので、大量仕入れに向いています。なお、送料無料になる条件はWebショッピングモールや出店店舗ごとに異なるので、確認しておきましょう。

クーポンを活用する

Webショッピングモールは、通常価格よりも割安になるクーポンを定期的に配布しています。クーポンが配布されている商品は、優先してチェックしておきましょう。

セールやキャンペーンを活用する

Webショッピングモールは、定期的にセールやキャンペーンを行っています。期間中に購入すれば、普段の仕入れよりも節約できるのでお得です。

ポイントを使う

Webショッピングモールの多くでは、独自のポイントシステムを設けています。ポイントはうまく活用すれば現金と同じなので、仕入れ価格を抑えることができます。詳しくは、Sec.55 ～ 57を参照してください。

仕入れ先におすすめのWebショッピングモール

ここでは、おすすめのショッピングモールを紹介します。

楽天市場

URL：https://www.rakuten.co.jp/

国内最大級のショッピングモールです。取り扱い商品数が大変多く、ほしいものはほぼ必ずあるほどの品揃えです。ポイント還元システムが非常に充実しており、ポイントせどりにも活用されています（Sec.57参照）。

Yahoo!ショッピング

URL：https://shopping.yahoo.co.jp/

楽天市場に次ぐ規模のショッピングモールです。ポイント還元システムが充実しており、セールやキャンペーンも定期的に開催されています。PayPayでの支払いにも対応しています。

auPayマーケット（Sec.58参照）

URL：https://wowma.jp/

auが運営するショッピングサイトです。auPayなど、auユーザー向けのサービスが充実しています。

dショッピング

URL：https://shopping.dmkt-sp.jp/

NTTドコモが運営するショッピングモールです。ドコモの月額料金支払いやd払いなど、ドコモの関連サービスを利用することでポイントが付与されるポイント還元システムを導入しています。

ひかりTVショッピング（Sec.59参照）

URL：https://shop.hikaritv.net/

NTTぷららが運営するショッピングモールです。ドコモのグループ会社なので、dポイントも利用できます。また、キャッシュバックキャンペーンを定期的に行っています。

ZOZOTOWN

URL：https://zozo.jp/

アパレル・シューズ・コスメを中心に国内外のブランド商品を取り扱うショッピングモールです。品数も豊富なことから、近年はせどらー格好の仕入れ先として注目されています。

Aliexpress（アリエクスプレス）

URL：https://best.aliexpress.com/

中国EC最大手のアリババグループが運営するショッピングモールです。中国版Amazonとも称されるほど膨大な商品を取り扱っており、日本のショッピングモールよりも非常に安い価格で購入できます。せどりに慣れてきたらチャレンジしてみましょう。

タオバオ

URL：https://world.taobao.com/

こちらもアリババグループが運営するショッピングモールです。業者間での取引がメインですが、代行業者を利用すれば個人でも仕入れできます。メーカー品が多く質がよい商品が多数販売されています。単価も安めに設定されているので、大量仕入れに向いています。

Section 53

卸売りサイトでのせどりのポイント

- 卸売りサイト
- スマセル

電脳せどりに慣れてきたら、次のステップとして卸売りサイトを活用してみましょう。ここでは、個人から大手企業まで幅広い層に活用されている卸売りサイト「スマセル」を例に解説します。

第5章 お宝を探そう！ 電脳せどり

スマセルを利用して仕入れる

スマセルとは

スマセルはアパレル在庫の卸売・仕入れサイトです。最大の特徴は、スマセルで仕入れた商品をメルカリやヤフオクなどで販売することが基本的に認められている点です。通常、卸問屋からの仕入れは販売先が制限されていることが多いです。しかし、スマセルは販売先を制限せず、さまざまなサイトで販売できます。そのため、副業や個人の方におすすめです。

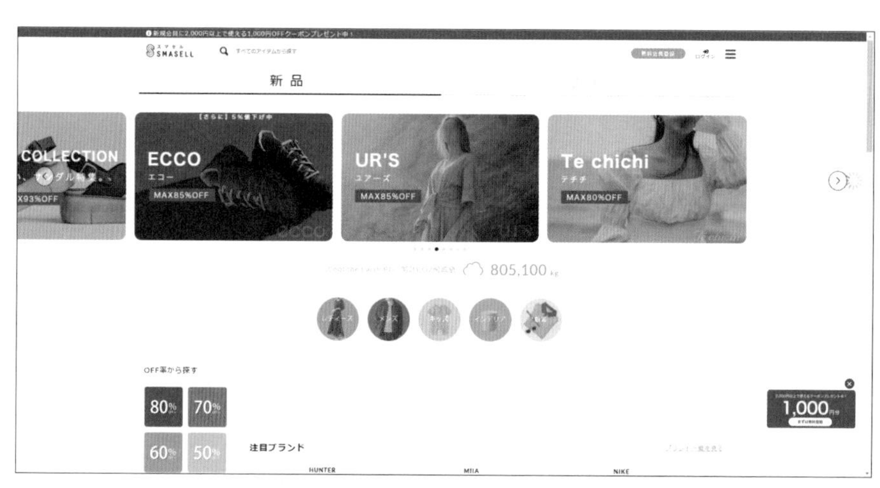

▲ スマセル（https://www.smasell.jp/）

スマセル利用までの流れ

スマセルを利用する手順としては以下の通りです。

Step1：無料会員登録を行う
Step2：登録完了してログインする
Step3：商品をリサーチする

スマセル仕入れの流れ

利益が出る商品は、見つけてから数日すると売り切れてしまうことが多いです。そのため、仕入れに慣れてきたら、すぐに購入することをおすすめします。スマセルであれば小ロットから購入できるため、最初のうちは見つけてからお試し感覚で買ってみましょう。

Amazonせどりであれば、バーコードをスキャンしてAmazonの価格と仕入れ価格を見比べ、価格差があればKeepaやAmazonランキングを確認して仕入れるのが通常の流れです。スマセルの場合も、ほとんど同じ流れです。売れそうな商品を見つけたら、メルカリで何円で売れているか確認して売ります。具体的には、以下の手順で行います。

Step1：まずはブランドから探す or 自分が気になる商品から調べる
Step2：メルカリで売れているか確認する
Step3：利益商品を見つけたらカートに入れる
Step4：発注方法や決済方法などを決めて購入する

利益商品を見つけるコツ

▲ こちらの商品は、スマセルで1,399円で仕入れ、メルカリで5,444円で売れました。

スマセルは取り扱い商品が非常に多いです。そのため、慣れるまでは売れる商品を覚えておく必要があります。最初のうちは、多くの商品を幅広く見ることをおすすめします。

次に、仕入れて売れた商品を少しずつ覚えていくことでリサーチ時間を減らして効率よく稼ぐことができます。普通のせどりよりも少し難易度は高いですが、仕入れ方法をマスターすると長く稼ぎ続けることが可能です。

海外Webサイトでのせどりのポイント

eBay
バイマ

国内せどりに慣れてきたら、より利益率が高い海外Webサイトでのせどりにチャレンジしてみましょう。「eBay」と「BUYMA」を例に、海外Webサイトせどりのポイントを解説します。

eBayを利用してせどりをする

eBayとは

▲ eBay（https://www.ebay.com/）

eBayは、約190ヵ国に商品を出品できる世界最大規模のECサイトです。日本での知名度は低いですが、世界的な知名度は大変高く、多くの消費者に利用されています。商品カテゴリーは3,000以上、出品数は12億を超えるほどの規模です。また、決済システムにはAmazonでは利用できないPayPalを採用している点が特徴です。

eBayがおすすめの理由

eBayの利用を検討したときに気になるのは市場規模ではないでしょうか。知名度は低いものの、サイトを見ればおわかりのように現時点でも非常に市場規模が大きいです。さらに、市場規模は年々拡大傾向にあります。日本以外の国からするとAmazonに並ぶほどのECショップなので、eBayでの輸出販売は海外需要を考えると稼ぎやすいと言えます。以下がおおまかな流れになります。

Step1：PayPal を準備する
Step2：eBay に登録完了してログインする
Step3：商品をリサーチする
Step4：出品
Step5：発送

初心者はエフェクター輸出で手堅く稼ごう！

eBay向けに販売するエフェクターは、500～1,000gの比較的小さいサイズのものが多い傾向にあります。小さくて軽いので送料も安く、在庫管理が楽です。また、エフェクターのボディの素材はアルミで出来ているので頑丈。配送事故の可能性も低く、まさに輸出向きの商品と言える理想的な商品です。では、なぜeBayでエフェクター輸出が稼げるのか、その理由を解説していきます。

・楽器カテゴリーは手数料が安い

実は、eBayは楽器カテゴリーに力を入れています。ほとんどのカテゴリーの落札手数料が10%なのに対し、楽器カテゴリーは3.5%の落札手数料しかかからないため圧倒的に安いです。

・全世界共通の大人気ジャンル

音楽は全世界共通の人気ジャンルなので、需要はとても高いです。とくに、海外でも人気の「BOSS」というメーカーは現在「Roland」社の子会社ですが、もともとは「メグ電子株式会社」という日本の会社でした。こうした例から見ても、日本のブランドは海外での人気が高く稼ぎやすい傾向にあります。

エフェクター輸出におすすめの仕入れ先

おすすめの仕入れ先：楽天などのECサイト

エフェクター仕入れの主な仕入れ先として、楽天を活用するのがおすすめです。個人でも出品しているため意外な掘り出し物が見つかる可能性が高いです。

注意点：中古楽器店はやめよう

仕入れの際の注意点として、中古楽器店での仕入れはやめた方がよいでしょう。理由はかんたんで、中古楽器店は市場価格を把握したうえで販売しているためです。要するに、素人値付けのような安価で仕入れることが不可能なのです。結果的に、eBayに輸出販売したところでほとんど利益が取れないのでかえって損をします。

BUYMAを利用してせどりをする

BUYMAとは

▲ BUYMA（https://www.buyma.com/）

BUYMAは、アパレル系の商品を多く扱っている海外ブランドなどが集まった海外通販サイトです。海外の商品が豊富に揃っているため、料金も安いものが多くあります。リサーチすれば、日本には見つけることができない海外限定のレア商品やコラボ商品が入手できるでしょう。

BUYMAがおすすめの理由

①無在庫で販売できる

BUYMAでは、自分のショップを出店して商品を出品できます。自分のショップの画面で、商品の画像と説明文を用意しておけば無在庫でも商品の販売を行うことが可能です。そのため、商品に注文が入ってきてから自分が注文のあった商品を仕入れて発送できる「無在庫販売」が公式に認められています。

②登録費・出品料が無料

BUYMAは、出品者と購入者どちらとも利用料金がかかりません。16歳以上で日本語の読み書きができるレベルであれば、誰でもBUYMAのパーソナルショッパーになれます。販売実績が多く、優良な取引を継続して行っていて審査·本人確認をクリアした方であれば、「プレミアムパーソナルショッパー」と呼ばれるパーソナルショッパーになることも可能です。

③手数料は取引が成立した場合のみ

BUYMAでは、手数料が発生するのは取引が成立した場合のみで、初期費用は不要です。取引が成立した場合は、成約代金の5.5%～7.7%が成約手数料としてかかるので覚えておきましょう。

④商品が安い

BUYMAでは、6,000以上もの海外ブランドを取り扱っています。海外でしか入手できず、かつ日本未入荷で安い商品やセール特価で安くなった商品などが多数販売されていることも特徴でしょう。とくに、日本にないブランド商品は海外では比較的安く入手しやすい傾向にあり、その上日本では高額で売れるため利益を上げやすいです。

BUYMAのリサーチ方法

BUYAMAで商品を検索する際は、以下のことに注目してリサーチしましょう。

- **基本的に並びで「人気順」検索する**
- **自分が狙っている価格・ブランドを絞って商品を探す**
- **評価の高いパーソナルショッパーの出品している商品画像・商品情報を詳しく調べる**
- **評価の高いパーソナルショッパーと購入者のやり取りも見ておく**

自分が狙っている商品が見つかったら、次は仕入れ先として信頼のおけるパーソナルショッパーを見極めましょう。仕入れ方法が理解できれば、初心者でも十分に稼ぐことが可能です。

●買付地一覧を日本にして国内買い付けのみ行う方法も

BUYMAトップページの一番下の部分にある、「買付地から探す」から「日本」をクリックしましょう。すると、日本で買い付けた商品が一覧表示されます。国内買い付けであれば海外から仕入れるよりも早く安全なので、慣れるまでは国内買い付けだけに絞ってリサーチするのもコツです。

●BUYMAを利用する際の注意点

・出品できないブランドの商品がある

BUYMAで仕入れた商品を他のサイト・ショップで出品する場合、サイトによっては出品できない商品のブランド・メーカーなどがあります。せっかく仕入れても販売できないのはもったいないです。こうした事態を防ぐためにも、事前にサイト・ショップで出品が制限されているブランド・メーカーを詳しく調べておきましょう。

・価格の変動があるため事前確認しておく

人気の商品は、品切れや在庫品薄状態になると価格が急騰することがあります。仕入れ価格を超えて赤字にならないように、その都度商品の価格は確認しておきましょう。特に、人気の商品を多く狙っている方は注意する必要があります。

ポイントせどりのしくみ

- ポイントせどり
- 仕入れ先

電脳せどりの一種であるポイントせどりは、近年せどらー達の間で大変人気が高い方法です。ポイントせどりを実践する前に、まずはしくみについて正しく理解しておきましょう。

ポイントせどりのしくみ

ポイントせどりとは

ポイントせどりとは、ポイント還元のあるショッピングサイトで仕入れた商品を、Amazonやメルカリなど個人出品が可能なECサイトで販売する方法です。一見普通の電脳せどりと同じに見えますが、商品を購入するたびに値引き可能なポイントが貯まっていくので、次回以降の仕入れ価格を安く抑えることができます。

ポイントせどりの流れ

ポイントせどりの流れは、以下の通りです。

Step1：商品をリサーチ
Step2：ポイント還元のあるショッピングサイトで仕入れる
Step3：EC サイトで販売する

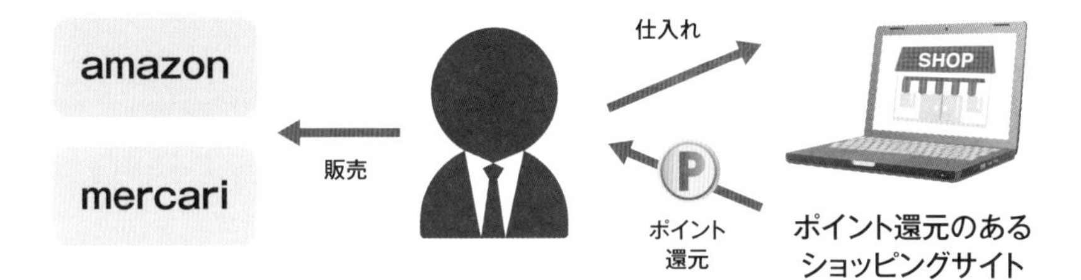

ポイントせどりの主な仕入れ先

ポイントせどりの仕入れ先は、ポイント還元率の高いサイトが狙い目です。ここでは、おすすめのショッピングサイトを紹介します。

楽天市場

URL：https://www.rakuten.co.jp/

ポイント：楽天ポイント

日本最大規模のショッピングモール「楽天市場」は、ポイント還元が非常に充実しています。ポイントせどりの中で最もポピュラーなサイトでしょう。楽天市場を使ったポイントせどりについては、Sec.57で詳しく解説します。

Yahoo!ショッピング

URL：https://shopping.yahoo.co.jp/

ポイント：Tポイント、PayPayボーナス

Yahoo!ショッピングも、ポイントせどりにおいて重要なショッピングサイトの1つです。同サイトで購入するたびにTポイントとPayPayボーナスがもらえます。

ひかりTVショッピング

URL：https://shop.hikaritv.net/

家電を中心とした品ぞろえが充実しており、QRコード決済アプリとのキャンペーンの開催が多いため、ポイントとスマホ決済アプリのポイント両方が貯められます。

ポイントせどりのコツ

- ポイントせどり
- コツ

ポイントせどりは、還元率の高いショッピングサイトでただ買い物するだけでよいというわけではありません。ここでは、ポイントせどりをよりお得に活用するためのポイントを解説します。

ポイントせどりのコツ5選

ポイントせどりのコツは、以下の通りです。

- 還元率アップのセールやキャンペーンを活用する
- 買い物はポイントカード機能付きのクレジットカードで支払う
- 高回転商品や繰り返し売れる商品を見つける
- クーポンを活用する
- 獲得ポイント上限&利用上限を把握しておく

それぞれの詳細を見ていきましょう。

還元率アップのセールやキャンペーンを活用する

ポイントせどりで活用するショッピングサイト（詳細はP.145参照）では、還元率アップのセールやキャンペーンが定期的に開催されています。これらのセールやキャンペーンの期間中に大量仕入れを行うことで、ポイントが普段よりもたくさん貯まります。次回以降の仕入れ費用を安く抑えられるので、大変お得です。

◘買い物はポイントカード機能付きのクレジットカードで支払う

ショッピングサイトでの仕入れはもちろん普段の店舗での買い物の支払いも、ポイントカード機能付きのクレジットカードで支払うようにしましょう。さらに、提携店舗であれば還元率もアップします。たとえば、楽天ポイント提携店舗で1万円の買い物をする際にポイントカード機能付きのクレジットカードで支払えば、合計200ポイント（提示で100ポイント+クレジットカード払いで100ポイント）をもらえます。日常生活でも、コツコツポイントを貯めていきましょう。

◘高回転商品や繰り返し売れる商品を見つける

いくら還元率が高いショッピングサイトでも、闇雲に何でも買えばよいというわけではありません。高回転率商品や繰り返し売れる商品をしっかりリサーチして仕入れることが大切です。

◘クーポンを活用する

タイミングによっては、通常の販売価格よりも安く購入できるクーポンも配布されています。目的の商品を仕入れるときには、クーポンが発行されているかしっかりと確認しておきましょう。

◘獲得ポイント上限&利用上限を把握しておく

楽天市場やYahoo!ショッピングでは、獲得できるポイントの上限と、1回あたり&毎月利用できるポイントの上限が設定されています。せっかくポイントを貯めても、よく確認しないでおくと損をするので注意しましょう。

ショッピングサイト	獲得上限	利用上限	
楽天市場	5,000～1万ポイント（※獲得条件や会員ランクによって異なる）	1回	3万ポイント（※提携店舗は5,000ポイント）
		1ヶ月	10万ポイント（※ダイヤモンド会員は50万ポイント）
Yahoo!ショッピング	上限なし	10万ポイント／1ヶ月	

▲ 楽天市場とYahoo!ショッピングのポイント獲得上限と利用上限。

楽天ポイントでのせどりのポイント

- 楽天ポイントせどり
- 楽天サービス

ポイント還元率の高い楽天市場で商品を仕入れ、ほかのECサイトで販売して利益を得る「楽天ポイントせどり」は、ポイントせどりにおいて最も人気の方法です。

SPUを理解する

ポイントせどりにおいて、楽天市場が最も初心者の方におすすめのサイトだと考えています。それは、楽天市場が買い物の度に他のショッピングサイトよりはるかに高いポイントが付与されるためです。ポイントを利用すれば販売価格よりも安く購入できるので、大変お得です。

さて、そんな楽天市場でポイントせどりをはじめようと思った時に、一番理解しなければならないのが、**SPU（スーパーポイントアッププログラム）**の存在です。SPUとは、楽天市場でのカード利用額、お買い物金額、アプリでのお買い物金額などの利用条件を達成するとポイント倍率が上がっていくシステムです。楽天市場せどりを行う上で、最初はこのSPUを上げる作業から始めなければなりません。最大倍率の15.5%にするのはなかなか難しいですが、最低でも10倍以上を目指しましょう。最大15.5%にするために必要な条件は、全部で15項目あります。とくに重要なものに絞って、各項目の詳細を見ていきましょう（2021年8月現在の情報です）。

①通常購入

楽天会員であれば、誰でもお買い物金額の1%をもらえます。

②楽天カード

楽天せどりを行う上で、楽天カードは必須です。楽天市場の買い物で楽天カードで支払うごとに、ポイントが2倍付与されます。

③楽天プレミアムカードに加入

楽天カードには、主に通常の楽天カード、ゴールドカード、プレミアムカードの3種類があります。年会費はかかりますが、プレミアムカードはおすすめです。なぜなら、普通のカード・ゴールドカードと違ってさらに2倍ものポイントが付与されるためです。すぐに元は取れるので、申し込みしましょう。

④楽天カードの支払いを楽天銀行に指定する

上記の楽天カードの支払いを楽天銀行に指定しておくことで、ポイント付与率が1倍になります。

⑤楽天モバイルに加入する

楽天モバイルを契約すると、ポイント付与率が+1倍になります。データ使用量によって月額料金が異なるシステムを取り入れており、1GBまでならなんと月額0円で利用できます。また楽天モバイルのキャリア決済で、月2,000円以上の料金を支払うとさらにポイントがもらえます。

⑥楽天トラベル

楽天トラベルを利用して対象サービスを月1回5,000円以上で予約して宿泊すれば、ポイント付与率が+1倍になります。仕事や旅行に行く時は、優先して活用しましょう。

⑦楽天市場アプリ

楽天市場アプリから購入することで、ポイント付与率が+0.5倍になります。リサーチはパソコンで行い、購入はアプリから行うようにしましょう。

⑧楽天ブックス、楽天kobo

楽天ブックスまたは楽天koboで月に1,000円以上購入すると、ポイント付与率が+0.5倍になります。本を仕入れる際は、楽天ブックスを利用しましょう。読みたい本を買って読み終えたら中古として売るという使い方でも構いません。

⑨楽天ビューティ

楽天ビューティーを通じて3,000円以上の施術メニューを予約・利用すれば、ポイント付与率が+1倍になります。

⑩楽天ウォレット

2021年8月より楽天ウォレットの口座を開設し、アプリをダウンロードして取引を開始します。その後条件達成でポイント付与率が+0.5倍になります。

■楽天SPU

▲ https://event.rakuten.co.jp/campaign/point-up/everyday/point/

楽天ポイントせどりで仕入れるジャンル

楽天市場ではさまざまなものが販売されています。最初のうちは何を仕入れてよいかわからない人も多いのではないでしょうか。ここでは、初心者にもおすすめの仕入れ商品ジャンルを紹介します。

家電製品

家電商品は、高単価で利益も大きいのが特徴です。楽天ポイントせどりで狙うとすれば、スーパーセールなどで20%バックなど値引き率が大きい商品を狙いましょう。

日用品

低単価商品が多いため、資金がない初心者でも手が付けやすいです。単価が低いのでスルーされがちですが、セット販売などで売ると利益率もよい商品になります。また、メディアで紹介されると、一気にプレ値になるのも日用品の特徴です。

化粧品

化粧品は日々消費されるものですので高回転の商品が多いです。単価は低いものから高いものまであります。楽天ポイントせどりのジャンルではかなり狙い目なジャンルの一つです。廃盤の化粧品、トレンドの化粧品、セットでの販売メーカー仕入れなどをチェックしておきましょう。

ゲーム機・ゲームソフト

ゲーム機・ゲームソフトは、楽天市場ではかなり仕入れやすいジャンルの1つです。人によってはゲーム機本体を月100万円仕入れることもあります。 なぜゲーム機本体をこれほど仕入れるのかというと、ゲーム機本体はランキングも高いものが多く、値段も回転がよいものが多いからです。

おもちゃ

最新のおもちゃよりは少し昔のおもちゃが狙い目です。少し昔のおもちゃならクリスマス前などは刈り取りチャンスがあります。 楽天市場には、プライスターなどの自動価格調整ツールがありません。そのため、Amazonでは値段が上がっているのに、楽天の出店者は商品価格を変えず安いまま放置している商品がよくあります。 Amazonで少しだけプレミアム価格になっている商品を見つけたら、楽天でも確認してみましょう。

ポイント付与イベントを活用して仕入れる

楽天市場せどりは、ポイント付与率を可能な限りアップした状態で、ポイント付与イベント開催中に仕入れることがコツです。ここでは、おすすめのイベントを解説します。

お買い物マラソン

お買い物マラソンとは、期間内に1店舗買い物すると、次の買い物をするときにポイントが1倍多くなるというイベントです。要するに、別々の店舗10店舗で仕入れすれば、さらに9%のポイントが加算されるということです。ただし、同じ店舗で10回購入しても1倍しかつかないので注意が必要です。違う店舗で10店舗までなら倍率があがります。なお、11店舗で購入しても10倍以上ポイントは付きません。

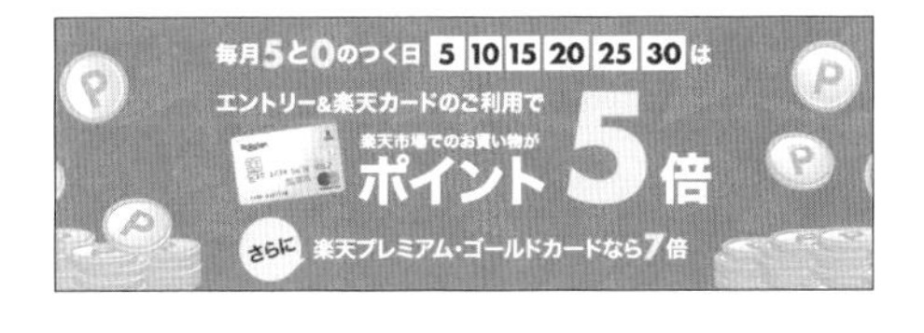

5の付く日5倍セール

毎月5の付く日に商品を買うと、ポイントが5倍になるイベントです。楽天プレミアムカードを利用すれば、最大7倍のポイントが付与されます。

楽天スーパーセール

対象商品に大量のポイントが付くイベントです。ただでさえ安くなっている上に基礎ポイントも付与されます。ポイント付与上限まで仕入れるため、せどらー達はこの期間中大忙しです。

auPAYでのせどりのポイント

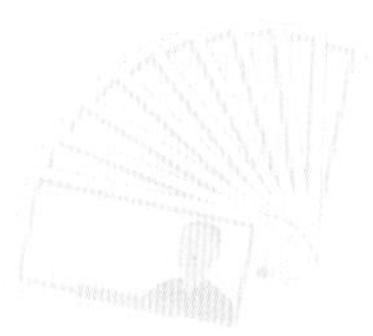

- auPAYマーケット
- 仕入れ方法

電脳せどりにおいて、auPAYマーケットも穴場の仕入れ先の1つです。楽天市場のせどりに慣れ、さらに利益を得たい方はぜひ本項で紹介するポイントを守ってチャレンジしてみてください。

auPAYマーケットせどりを理解する

auPAYマーケットの特徴

▲ auPAYマーケット（https://wowma.jp/）

auPAYマーケットとは、日用品·家電·ファッションなどさまざまな商品が販売されている総合通販サイトです。携帯キャリアでお馴染みのauが運営しているため、どうしてもauユーザー向けのショッピングサイトと思われがちです。しかし、実際はauユーザー以外も普通に利用できるのはもちろん、イベントやクーポンの配布やキャンペーンなどを定期的に行っているため、お得に商品を購入できます。

・「還元祭」などお得なセールが開催されている

auPAYマーケットでは、通常よりauポイントをたくさんもらえる「還元祭」などのお得なセールを定期的に行っています。また、楽天ポイントのように指定の条件をクリアすることで、常時16%（エントリー&5店舗購入でさらに10%アップ）もポイント還元率がアップする「ポイント還元プログラム」も実施しています。auの関連サービスを利用するごとに月のポイント還元率も上がっていくので、auユーザーにとっては魅力的です。

・毎日お得なクーポンが配布されている

auPAYマーケットでは、買い物がお得になるクーポン特集が毎日開催されています。5～50%のクーポンが複数配られているので、確認しておきましょう。また、週替わりクーポンも割引率の高いものが多いので、チェックしておきましょう。

auPAYマーケットのお得な仕入れ方法

au IDを作成する

まずは、au IDを作成しましょう。「auユーザーじゃないと作れないの?」と不安になる方もいるでしょうが、実はauユーザーでなくても無料で作成できます。会員になっておけば、セールの事前エントリーができたり、クーポンももらえたりして、お得に商品仕入れできます。auPAYせどりをするなら、必ずauIDの会員登録を済ませておきましょう。

auPayカードを作成して常にポイント還元率を5%アップさせる

ポイント還元プログラムでは、支払い方法に「auPayカード」を選択するだけで5%もポイント還元率が上がります。auPAYカードを作成するだけでauPAYマーケットでのポイント獲得率が5%も上がるのであれば、やらない理由がありません。必ずauPAYカードを作成してから、auPayマーケットで仕入れるようにしましょう。

エントリー&クーポンを事前に確認しておく

商品仕入れの前には、お得になるエントリー &クーポンがないかもチェックしておきましょう。auPAYマーケットではクーポンが豊富にあり、複数のページで掲載されています。すみずみまで探しておくことをおすすめします。セール時期には専用のエントリー &クーポン情報も提供されるので、すべて確認しておきましょう。

売れる商品をリサーチする

クーポンが配布されているページやセールのページ以外でも、売れる商品をリサーチする方法があります。売れる商品は、必ずAmazonとauPAYマーケットで価格を比較してから仕入れる癖を付けましょう。

auPayマーケットの検索窓で「在庫処分」「タイムセール中」「アウトレット」のキーワードで検索し、商品をリサーチするとお得な利益商品が見つかるはずです。

三太郎の日に仕入れる

毎月3·13·23日は、三太郎の日というキャンペーンを行っています。これらの日に「三太郎の日当日のエントリー」を行えば、Pontaポイントも最大25%もらえます。また、auスマートパスプレミアム会員であれば、さらに最大3,000円引きクーポンも当たるガチャを引くことができます。当たらなくてもPontaポイントの還元率が高いのでおすすめです。

ひかりTVショッピングでのせどりのポイント

ひかりTVショッピング
楽天市場

ひかりTVショッピングもよい商品を仕入れできることからせどらーに注目されているマーケットの1つです。ここでは、ひかりTVショッピングでのせどりのポイントを解説します。

ひかりTVショッピングせどりを理解する

ひかりTVショッピングとは

▲ https://shop.hikaritv.net/

ひかりTVショッピングとは、パソコンプロバイダーのNTTぷららが運営するWebショッピングモールです。家電・ホーム・キッチン・食品まで幅広いジャンルの商品を取り扱っています。これまでにご紹介したWebショッピングモールの中ではやや知名度が低めですが、ぷららユーザー以外も利用できます。独自ポイントのぷららポイントは、1ポイント=1円で利用できます。

ひかりTVショッピングがおすすめの理由

・大型キャンペーンの頻度が高い

ひかりTVショッピングでは、定期的にポイント還元率がアップするキャンペーンを開催しています。とくに、年4回行われる「GOGOバザール」は、せどらーにとってかなり狙い目です。

・クーポン配布が多い

対象商品が大幅値引きされる「おトク～ポン」や対象商品を限定せずに使える「ゲリラクーポン」など、とにかくさまざまなクーポンを配布しているので毎日チェックしておきましょう。

・dポイントを獲得・利用できる

運営会社がNTTドコモのグループ会社ということもあり、実はdポイントも獲得できるのもひかりTVショッピングの特徴です。支払い方法にd払いを利用することで、ポイント還元率がアップし、dポイント獲得率がアップするキャンペーンを行うこともあります。

ひかりTVショッピングのお得な仕入れ方法

支払い方法はその都度有利なものを選択する

ひかりTVショッピングの特徴として、さまざまなキャッシュレス決済に対応している点が挙げられます。各支払い方法ごとに還元率がアップする曜日があるので、その都度有利な支払い方法を選択することが大切です。

金曜日・土曜日：d払い
日曜日・月曜日：楽天ペイ

楽天市場支店も併用する

ひかりTVショッピングは、楽天市場にも出店しています。お買い物マラソンなど楽天市場のセールやキャンペーンを利用できるので、ひかりTVショッピング公式サイトのキャンペーン期間でなければ、こちらの利用がおすすめです。

関連サービスを利用する

ひかりTVでは、動画･音楽･ゲームなどの定額サービスを提供しています。これらのサービスに加入することで、月額基本料金10%分のぷららポイントを毎月もらえます。楽しみながらポイントがもらえるので、興味のある人は加入してみてもよいでしょう。

キャンペーンの日に仕入れる

ひかりTVショッピングでの仕入れは、必ずキャンペーン期間中に行いましょう。ひかりTVショッピングは他社のWebショッピングモールと比べると商品価格が割高な傾向にあります。そのため、キャンペーン期間外に仕入れても損をします。しかし、ひかりTVショッピングのキャンペーン中は還元率が異常とも呼べるほど大幅にアップします。

クーポンを活用する

ひかりTVショッピングは、定期的にクーポンを配布しています。会計時に所定のコードを入力すれば、特別価格で購入できます。ただし、サイトの構造上クーポンだけをチェックするのは難しいので、商品ページにクーポンが掲載されていないか隅々まで確認しておきましょう。

ポイントを有効に使うためにカードを作ろう

クレジットカード
ポイント還元

せどりにおいて、クレジットカードは必須とも呼べる存在です。ここでは、せどりでクレジットカードを利用するべき理由とおすすめのクレジットカードを解説します。

クレジットカードがおすすめの理由

ポイント還元される

せどりを行う際に注目しておきたいのが、ポイント還元です。ポイントが付いた商品を、ショップ指定のクレジットカードで決済すると数十%ポイント還元されることもあります。たとえば、毎月10万円ほど仕入れて月のポイントが2%還元されるとしたら、2,000ポイントも還元されます。一年間、毎月10万円ほど仕入れるだけでも2万4,000ポイントも還元される計算です。もちろん、ポイントが貯まったら商品の合計金額からポイントを引いて、無料で商品を仕入れることも充分可能です。このように、クレジットカードを利用してポイント還元しておかないと損をする場合が多いです。そのため、ポイント還元されるショップをよく利用しているのであれば、クレジットカードを使わない理由がありません。ポイント還元のメリットは売上にも関係してくるので、ポイントがすぐに貯まりそうであればクレジットカードを作成しておきましょう。

決済が楽で手間がかからない

大量仕入れを行った場合、現金だと支払いの際に時間がかかってしまうことが多いです。その点、クレジットカード払いであればすぐに決済ができるの便利です。とくに、電脳せどりではクレジットカード決済なら手数料がかからないため、恩恵を感じやすいです。一度カード情報を登録しておけば、次回以降はクリック一つで購入可能です。現金を使って支払う代引き・銀行払い・コンビニ支払いは、時間も手数料もかかってしまいます。決済が楽で手間がかからないのは、時間との勝負である電脳せどりの大きなメリットと言えるでしょう。

支払いを先延ばしにできる

クレジットカードは、現金のようにすぐに支払いを行うわけではありません。1ヶ月後に請求されてから支払いを行ったり、分割して少額で支払ったりできます。そのため、現時点で手元にお金がなくても、利益の見込みがあるのであれば商品を仕入れることが可能です。

せどりでおすすめのクレジットカード

楽天カード

▲ ・年会費：無料
・ポイント還元率：1％
・審査の通りやすさ：通りやすい（18歳以上・主婦も申請可能）
・限度額：10～100万円
・締日/支払日：月末締め・翌日27日支払い
・入会すると5,000～8,000ポイントがもらえる
・楽天市場でのお買い物や楽天のキャンペーン時に使える
・楽天ポイントが最大44倍貯まる

イオンカード（WAONカード）

▲ ・年会費：無料
・ポイント還元率：0.5～1.33％
・審査の通りやすさ：通りやすい（18歳以上・主婦も申請可能）
・限度額：一律の制限はない（10～100万円ほど）
・締日/支払日：10日締め・翌日2日支払い
・入会すると1,500～2,000ポイントもらえる
・イオン系列でもお買い物の場合、ときめきポイント1％がもらえる
・20・30日5％OFF

ヤフーカード

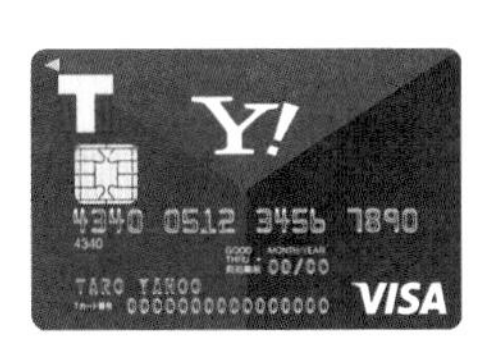

▲ ・年会費：無料
・ポイント還元率：1％（Yahoo!ショッピング・LOHACOは最大3％）
・審査の通りやすさ：通りやすい（18歳以上・最短2分で審査完了）
・限度額：10～100万円
・締日/支払日：月末締め・翌日27日支払い
・入会すると4,000ポイントがもらえる
・ヤフオク!で出品する場合、本人確認不要
・Yahoo!ショッピング、ヤフオクなどで仕入れる際に使える
・PayPayでYahooカード決済を行うと0.5～1.5％のPayPayボーナスがつく

dカード

▲ ・年会費：無料
・ポイント還元率：1％
・審査の通りやすさ：通りやすい（18歳以上・主婦も申請可能）
・限度額：一律の制限はない（10～100万円ほど）
・締日/支払日：15日締め・翌日10日支払い
・ドコモのケータイの利用料金で貯められる
・dポイントを使える店舗が多い

※2021年8月現在の情報です

Section 61

電脳せどりでもキャッシュレス決済を役立てよう

キャッシュレス決済
PayPay

キャッシュレス決済は店舗で使うイメージがありますが、最近はネットショップでも利用できるようになり、電脳せどりにおいても活用シーンが増えつつあります。

おすすめのキャッシュレス決済

PayPay

運営会社：株式会社PayPay
加入店舗：316万箇所（2021年4月時点）
おすすめの仕入れ先：PayPayモール、Yahoo!ショッピング、ヤフーオークション、家電量販店、auPayマーケット

キャッシュレス決済の王様といえば、PayPayです。ソフトバンク・Yahoo!・ワイモバイルが共同運営しているため、これらのサービスとの親和性が非常に高いのが特徴です。還元キャンペーンが随時開催されているので、お得に利用できるのもポイントが高いです。

LINE Pay

運営会社：LINE Pay株式会社
加入店舗：309万箇所（2021年1月時点）
おすすめの仕入れ先：ひかりTVショッピング、ラクマ、ZOZOTOWN、ビックカメラ

無料通話・チャットでお馴染みのLINEが運営しているキャッシュレス決済です。年会費無料のLINEクレカと紐付けることで、ポイント還元率がアップします。

◘楽天ペイ

運営会社：楽天ペイメント株式会社
加入店舗：約500万箇所（2020年9月時点）
おすすめの仕入れ先：無印良品、ラクマ、プレミアムバンダイ、ひかりTVショッピング

楽天市場でお馴染みの楽天系列グループが運営しているキャッシュレス決済です。電脳せどりで使える店も増えつつあり、キャンペーンを積極的に行っているので活用しない手はありません。支払先に楽天カードを指定すれば、ポイントの2重取りができます。

◘auPAY

運営会社：auペイメント株式会社
加入店舗：355万箇所（2020年12月時点）
おすすめの仕入れ先：auPayマーケット

大手携帯キャリア・au系列のグループ会社が運営しているキャッシュレス決済です。実店舗で使える店は多いものの、電脳せどりの選択肢はまだこれからといったところ。auPAYマーケットがメインとなります。支払い方法にauPAYカードを利用することで、Pontaポイントが最大15%アップします。auユーザーは積極的に使ってみましょう。

◘d払い

運営会社：株式会社NTTドコモ
加入店舗：266万箇所以上（2020年9月末時点）
おすすめの仕入れ先：Amazon、ノジマオンライン、メルカリ、オムニ7、ひかりTVショッピング、ラクマ、Yahoo!ショッピング、auPayマーケット

大手携帯キャリアのNTTドコモが運営するキャッシュレス決済です。2021年6月時点で、最も電脳せどりの選択肢が多いキャッシュレス決済です。還元キャンペーンを定期的に開催しているので、かなりお得です。ドコモユーザーなら使って損はありません。

ネットで仕入れたものをAmazon以外で売ろう

メルカリ
ヤフオク

本書はこれまで電脳せどりで仕入れた商品を主にAmazonで販売する方法を解説してきましたが、ここではメルカリ、ヤフオク、ラクマなどのフリマアプリで販売する方法を解説します。

メルカリで売る方法

メルカリとは

メルカリとは、国内首位のスマホ向けフリマアプリです。コロナ禍以降、年々市場規模が右肩上がりに大きくなっている注目のマーケットです。ダウンロード数は日本国内だけでも8,000万以上、累計出品数は20億品を突破しています。電脳せどりにおけるポストAmazon的な存在となる可能性もあります。体感として、Amazonに負けず劣らず売れ行きはとてもよい印象です。せどらーになったからには、チャレンジしない理由はありません。なお、メルカリを利用するには、電話番号とメールアドレスが必要となります。

メルカリ出品の流れ

メルカリ出品の流れは、以下の通りです。

Step1：アプリインストール（初期設定）
Step2：商品情報を登録して出品する
Step3：商品が売れたら発送
Step4：購入者評価・出品者評価をして取引を完了

メルカリ出品の手順

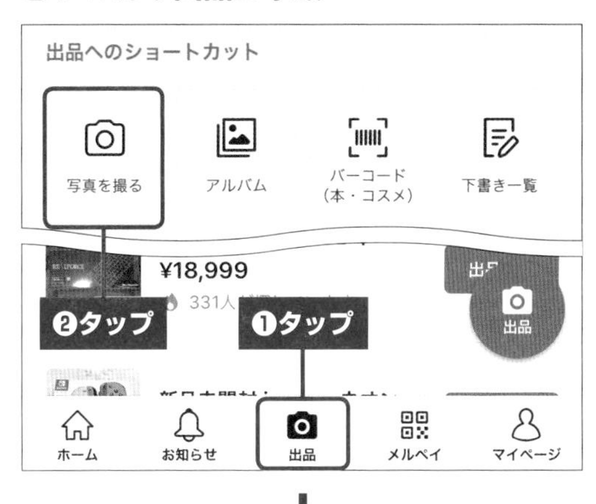

1 メルカリのトップ画面で＜出品＞→＜写真を撮る＞をタップし、商品の写真を撮影します。スマホに保存した写真を使用する場合は、＜アルバム＞をタップして写真を選択しましょう。

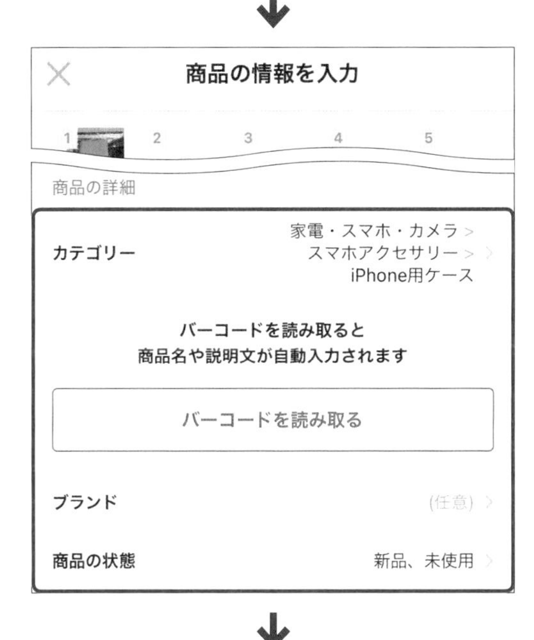

2 商品の「カテゴリー」「商品の状態」「商品名」「商品説明」「配送方法」「販売価格」を設定したら、＜出品する＞をタップして出品します。

取引画面

商品を受け取ってください

商品が発送されました。商品が到着したら、出品者の評価をしてください。

購入した後の流れ

3 商品が売れたら梱包・発送し、発送通知を送信します。

4 購入者評価を行うと、取引が完了します。

ヤフオクで売る方法

ヤフオクとは

ヤフオクは、Yahoo!が運営する老舗オークションサービスです。オークションという性質上、即時性がなく大量出品は難しいです。しかし、徐々に価格がつり上がって高単価になる可能性が高く、希少性の高い商品や一点物の商品の販売に特化しています。近年は、スマホアプリからも出品できるようになりました。利用するにはYahoo!JAPAN IDとYahoo!ウォレットが必要となるので、必ず取得しておきましょう。

ヤフオク出品の流れ

ヤフオク出品の流れは、以下の通りです。

Step1：アプリインストール（初期設定）
Step2：商品情報を登録して出品する
Step3：商品が落札されたら発送
Step4：評価を登録して取引を完了

ヤフオク出品の手順

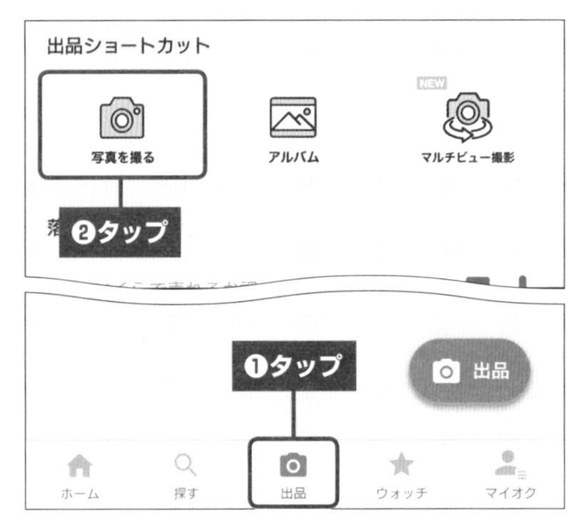

1 ヤフオクアプリのトップ画面で＜出品＞→＜写真を撮る＞をタップし、商品の写真を撮影します。スマホに保存した写真を使用する場合は、＜アルバム＞をタップして写真を選択しましょう。

2 商品の「カテゴリー」「説明文」「商品名」「開始価格」「終了日時」「配送方法」を設定したら、<出品する>をタップして出品します。

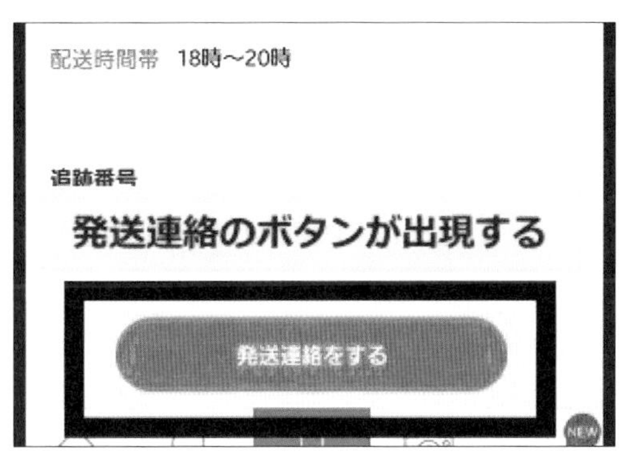

3 商品が落札されたら梱包・発送し、落札者に発送連絡を行います。

4 購入者の手元に商品が届き、お互いに評価を登録すると取引が完了します。

出品形式はどちらにする？

ヤフオクへの出品時には、最低価格1円からスタートできるオークション形式か、最低落札価格を設定する定額形式のどちらかを選択できます。出品したからには仕入れ値よりも高く売りたいのは当たり前です。たとえば、5,000円で仕入れた商品を最低でも7,000円で販売したい場合は、最低落札価格を7,000円に設定しましょう。そうすれば、最低価格を下回ることなく落札が行われるの安心です。反対に、オークション形式で安い価格からスタートすれば多くのお客様に見てもらえるので、入札が何回か行われれば高い値段で落札される可能性もあります。慣れてきたら、1円出品（オークション）にチャレンジすることをおすすめしています。

ラクマで売る方法

ラクマとは

ラクマとは、株式会社楽天が運営するフリマサービスです。かつてはフリルという名称で、メルカリよりも歴史ある老舗サービスでもあります。ラクマがお金のやり取りを仲介するため、トラブルになる可能性が低く、安心して利用可能です。また、楽天の関連サービスということもあり、楽天ポイントも利用できます。楽天ポイントせどりと併用することで、さらに売上アップが期待できます。手数料は売り上げ金の6%なので、メルカリより安いのも嬉しいですね。

ラクマ出品の流れ

ヤフオク出品の流れは、以下の通りです。

Step1：アプリインストール（初期設定）
Step2：商品情報を登録して出品する
Step3：商品が購入されたら発送
Step4：評価を登録して取引を完了

ラクマ出品の手順

1 ラクマアプリのトップ画面で<出品>をタップします。

2 写真、「商品名」「説明文」「カテゴリ」「ブランド」「商品の状態」「配送方法」「購入申請」「販売価格」などを設定したら、<確認する>→<出品する>をタップして出品します。

3 商品が購入されたら梱包・発送し、落札者に発送連絡を行います。

4 購入者の手元に商品が届き、お互いに評価を登録すると取引が完了します。

ラクマ販売のコツ

ラクマ販売のコツは、以下の通りです。それぞれのコツを守って、できるだけ高く売りましょう。

- **過去に売れた商品の価格を確認する**
- **できるだけ商品を綺麗に見せる**
- **商品の状態を詳細に書く**
- **定期的に価格を修正して出品して注目度をあげる**

楽天で仕入れて
メルカリで売るという選択肢も

本書では、基本的に楽天仕入れからの販売先にAmazonを推奨しています。しかし、中にはAmazonでなかなか売れない商品もあります。そこで、Amazonで売れないものを売るプラットフォームとして最適なのがメルカリなのです。電脳せどりの販売先はAmazonが中心。意外にも、ほかのせどらーが目をつけていないことが多いです。そのため、初心者は比較的利益が出やすいです。楽天で仕入れてメルカリで売る場合は、基本的にAmazonにカタログがないものを売っていきます。
安く仕入れできる商品があったとしても、Amazonにカタログがないものであれば、Amazonを中心に商品を販売しているせどらーが諦めてしまうため、ライバルが少ないのです。ライバルが少なければ利益が取りやすいのは当たり前でしょう。
以下に紹介する楽天仕入れのポイントを守って、メルカリで高く売ってみましょう。

●楽天スーパーセールを利用する

楽天仕入れを行う場合は、楽天スーパーセールの期間を狙って仕入れましょう。楽天スーパーセールの場合、ポイント還元率が通常よりも多いので通常より安値で仕入れできます。楽天仕入れ・メルカリ売りでは、基本となってくるので覚えておきましょう。

●楽天スーパーセールで行うべきこと

楽天スーパーセールで行うべきことは、以下の通りです。

・イベントにエントリーしてポイントが多くもらえるようにしておく
・クーポンを使って仕入れる

楽天スーパーセールは、イベントにエントリーしてより多くのポイントがもらえるようになっています。エントリーしなければポイントは獲得できないので、必ずイベントにエントリーしておきましょう。また、クーポンがあれば、必ず確認しておきましょう。

第6章 せどりをもっと効率的に進めるコツ

初心者は無理のない資金繰りをしよう

利益率

利益額

これからせどりを始めようとしている人は、どのくらいの資金が必要なのか知りたいのではないでしょうか。また、せどりを行う上で資金繰りは最も大切な課題の1つです。

せどりにはいくらの資金が必要か

せどりで実際に10～30万円稼ぐために必要な資金の目安は、以下の通りです。

売上	100万円	200万円	300万円
利益率	10%	10%	10%
利益	10万円	20万円	30万円
仕入れ額	70～80万円	150～160万円	200～220万円

利益率の目安が平均10%の場合、10万円の利益を出そうと思ったら、その7～8倍の資金である70～80万円必要です。つまり、利益を出すために必要な資金は常時7～8倍ほどの資金が必要になります。

では、「資金があれば毎月売上を上げることが可能なのでは?」と感じた方もいるでしょう。しかし、せどりで稼ぐのはかんたんではありません。先ほどは利益率10%で計算していましたが、利益率が5%の場合など、10%より下がることも十分にあり得ます。反対に、30～40%などの利益率が高いトレンド商品ばかりを仕入れて、仕入れ額70～80万円でも利益が20～30万円になる方もいます。

しかし、資金がなくても稼ぐ方法はあります。例えば、資金20万円でクレジットカード枠100万円分まで商品を仕入れて、月30～50万円稼ぐことも可能です。そのため、資金が少ないからといって諦める必要もありません。「仕入れすぎて商品が売れなかったときが怖い」なら、仕入れ額を5～10万円から始めることもできます。少額で仕入れて売ることに慣れてから、徐々に仕入れ額を高額にしていき、売上を上げていくことも可能です。

正確な資産を把握する

◀ 家計簿 マネーフォワードME
提供：Money Forward,Inc.
価格：無料

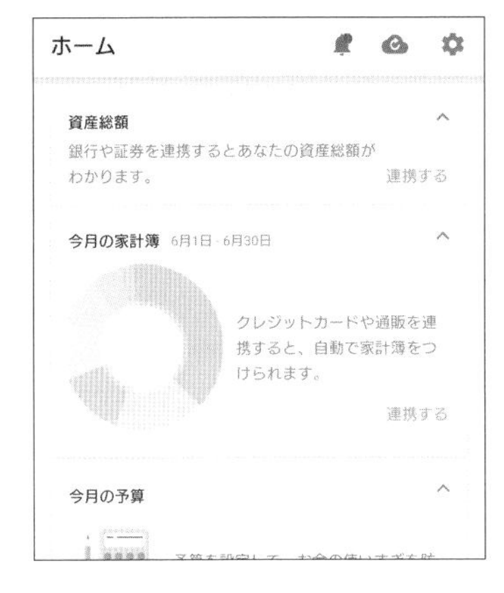

せどりで毎月いくらのお金を使っているのかわからない、あるいは稼げたのかわからない。こうした悩みは、せどり初心者が陥りがちです。せどりを行う上で、現在いくら資産を持っているかを正確に把握することはとても大切です。そこで、資産管理を記録できる家計簿アプリ「Money Forward ME」を使ってみましょう。

Money Forward MEは、複数の銀行口座とクレジットカードの連携が可能なアプリです。資金に関する情報を1つのアプリだけで管理できるため、多くの方に使われています。せどりで資金管理を楽にしたい方は、ぜひ利用してみてください。

資金状態に合った仕入れを行う

慣れてない内に最初から大量仕入れをすると予期せぬこと（出品できないメーカーを仕入れてしまう、仕入れる前にKeepaのグラフを見て売れると思って判断したが見方を間違えてそんなに売れてなかった、最初なので仕入れてから出品作業に慣れていなくて、仕入れてから実際に売るまでに時間がかかってしまったなど）が最初は予期せぬアクシデントが起こるので最初は現金資金の中で仕入れを行った方がよいです。また、最初にいちばん避けたいのが、売れてない商品を仕入れることです。間違って仕入れてしまっても、売れていれば少しの損で済むかもしれませんが、売れてない商品を間違って仕入れてしまうと、仕入れ金額丸々損になってしまいます。最初は利益金額より売れ行きの良い商品を仕入れることを心がけ、仕入れ販売に慣れていき、慣れてきたら大量に仕入れていきましょう。

クレジットカードの締め日や支払日に気を付ける

クレジットカードの締め日と支払日は、カードごとに異なります。たとえば、楽天カードの場合の締め日は毎月末、引き落としは翌月27日です。また、dカードの場合は毎月15日、引き落とし日は翌月10日です。このように、自分の持っているクレジットカードの締め日と、引き落とし日を調べてあらかじめカレンダーに登録しておくことで、残高不足でカードが停止になる事態を防止できます。

せどらーは、基本的に締め日・引き落とし日が異なるクレジットカードを複数枚運用して仕入れ金額を調達しています。

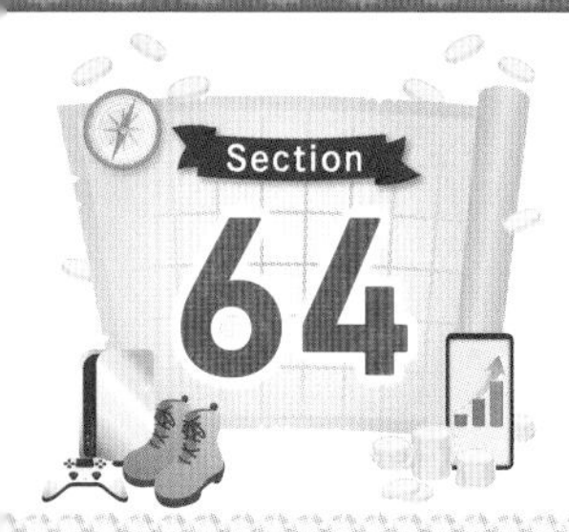

開業届と個人事業主について知ろう

開業届
個人事業主

副業としてせどりを行う上で、開業届は必要なのか気になっている人も多いのではないでしょうか。ここでは、知らないと損をする開業届と個人事業主の関係について学んでいきます。

開業届を出すべきか判断する

開業届とは

開業届とは、税務署に事業を開始したことを報告するための書類のことです。副業として始めたからには開業届を出す必要があるのではと不安に思う人も多いのではないでしょうか。開業届は原則として事業開始から1ヶ月以内に提出しなければならないと法律で定められています。しかし、実は罰則はないので義務ではありません。つまり、現状では出しても出さなくてもよい状態が許容されています。しかし、そもそも個人事業主か法人でないと融資を受けられないので、個人事業主の申請はしたほうがよいです。

開業届のメリット

開業届のメリットは、以下の通りです。

①青色申告ができる

開業届最大のメリットは、青色申告が可能になる点でしょう。最大65万円の所得を控除できるようになるので、かなりお得です。また、国民健康保険に入っていれば所得から65万円が控除された状態で保険料が計算されるので、保険料も安くなります。

②経費にできる

青色申告することで、家族への給与を経費として扱うことができます。夫婦でせどりを行っている人などは、かなりお得になります。

③赤字を繰り越しできる

事業所得で赤字になった場合に、翌年から最大3年間の所得から赤字を繰り越しできます。万が一せどりで赤字になっても、税金の負担が減るので大きなメリットといえるでしょう。

開業届のデメリット

開業届のデメリットは、以下の通りです。

①失業保険が受けられない

開業届を出すと個人事業主になるため、失業保険の支給対象外となります。

②社会保険の扶養から外れる可能性がある

開業届を出すと、年間130万円未満の所得でも社会保険の扶養から外れることがあります。

個人事業主とは

個人事業主とは、法人を設立せず個人で継続して事業を営んでいる人のことを意味します。上記の開業届を出せば、誰でも個人事業主になれます。法人設立とは異なり、登記の手間や費用は無料。ただし、所得が高くなるほど税率が高くなります。また、確定申告も自分で行う必要があるので、少々手間がかかります。

せどりで開業届は出すべき？

結論から言えば、**開業届は出すメリットのほうが大きい**です。せどりはれっきとした物販事業なので、開業届も物販事業として提出できます。また、会社に勤めながら副業としてせどりを行っている人も、開業届を出したからといって会社にバレる心配はありません。

ただし、現在扶養に入っている人は注意が必要です。扶養に入っている人は年間130万円以内であれば控除を受けることができますが、開業届を出すと130万円以下の所得であっても扶養から外れる可能性があるためです。健康保険組合によっては所得の金額にかかわらず扶養に入れない場合もあるので、確認する必要があります。

せどりに役立つツール

ツール
アプリ

せどりに役立つリサーチツールやアプリを探している、あるいは無料で使えるアプリが知りたい。そんな悩みをお持ちの人は、このSectionを参考にしてください。

せどりに役立つスマホアプリ

◀ せどりすとプレミアム（iPhone）
提供：Orela.org
価格：初回費用10,000（税別）
次月以降5,000円（税別）

●特徴

- ・バーコード読み込み
- ・JAN コード読み込み
- ・JAN コード手打ち入力
- ・キーワード検索

せどら一定番のアプリです。せどりのプロが監修しているだけあって、検索方法がかなり充実しているのがこのアプリの特徴です。バーコードが読めないショーケース内の商品なども検索できるので、使い勝手が非常によいです。価格はやや高いですが、読み込みも早く出品・営利計算もかんたんに行えるので、活用しやすいです。

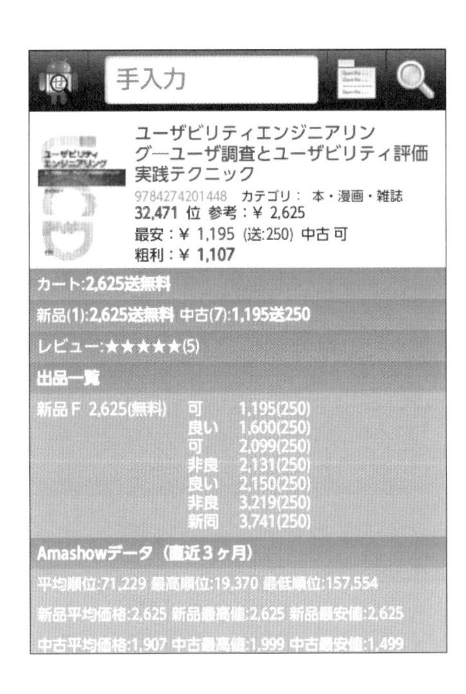

◀ せどりツール「せどろいど」（Android）
提供：Sedolist Project
価格：無料

●特徴

・バーコード読み込み
・JANコード読み込み
・JANコード手打ち入力
・キーワード検索

「せどりすとプロ」と立ち位置が似たAndroid向けアプリです。機能もほぼ同様のものが揃っています。前述のせどりすとプレミアムはAndroid版がないため、Androidユーザーはこちらをインストールしておきましょう。

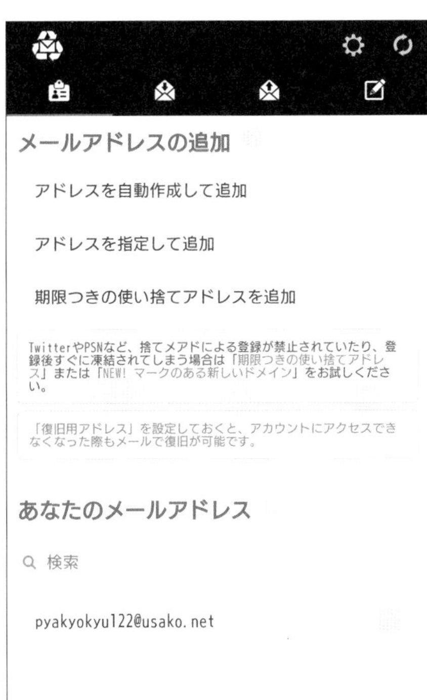

◀ 捨てメアド
提供：kukusama（Aki Ueno）
価格：無料

●特徴

・同時に複数のメールアドレスを取得できる
・メールの送受信も管理できる
・有効期限がない

使い捨てのメールアドレスをかんたんに作成できるアプリです。メールアドレスを何個も電脳サイトに登録するのは手間がかかり管理も大変ですが、このアプリで作ったメールアドレスを登録すればスムーズです。せどりのさまざまな場面で活躍してくれるので、必ずダウンロードしましょう。

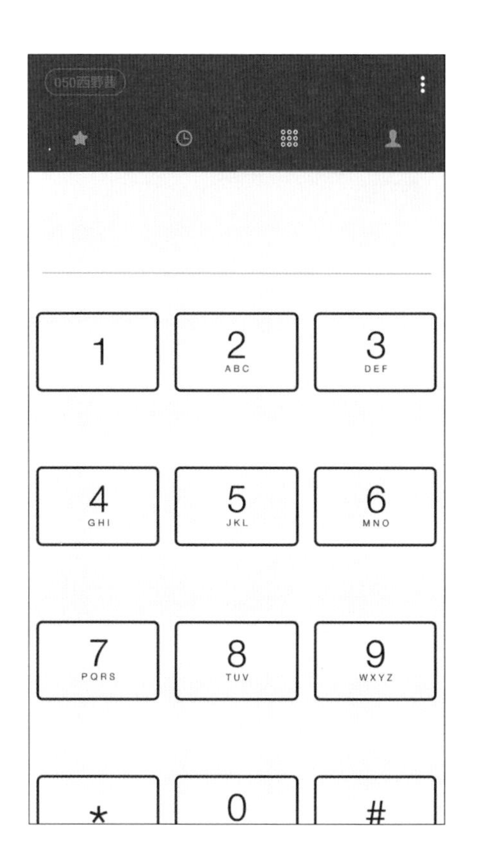

◀ SMARTalk
提供：Rakuten Mobile, INC.
価格：無料

●特徴

・050のIP電話番号をもらえる
・月額基本料無料
・通話料8.8円/30秒
・海外でも利用可能

SIM契約をしなくても電話番号を増やすことができるアプリです。登録手数料で1回500円かかりますが、こちらから電話をかけなければ基本的に料金はかかりません。こちらのアプリもダウンロード必須です（2021年8月現在では新規申し込みはPanasonicのサイト（https://panasonic.jp/phone/products/smart.html）からのみ可能です）。

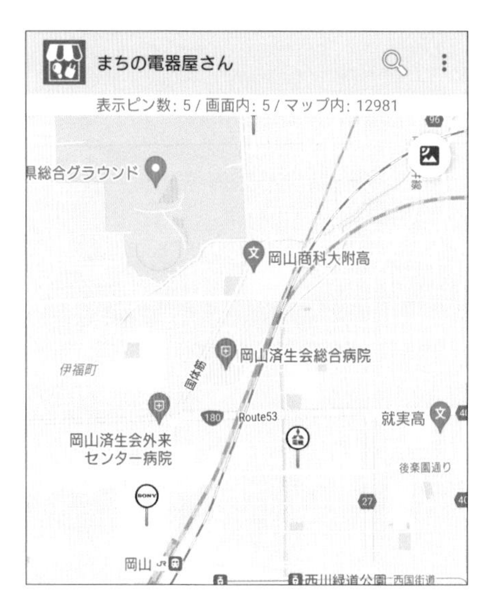

◀ ロケスマ
提供：Digital Advantage Corp.
価格：無料

●特徴

・目的の施設が地図上で一目でわかる
・店舗情報もわかる
・ストリートビューも見れる

店舗せどりにおいて、とても便利なアプリです。現在地付近にある家電量販店やリサイクルショップを、地図上で表示してくれます。

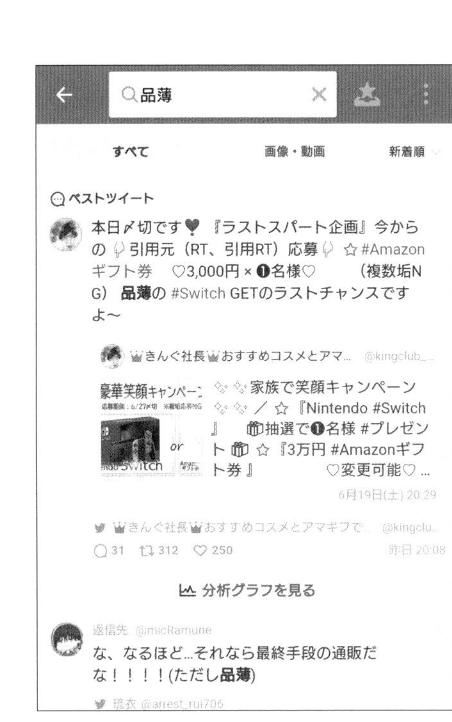

◀ Yahoo!リアルタイム検索
提供：Yahoo Japan Corp.
価格：無料

●特徴

- Twitterのトレンドを検索
- 検索キーワード保存可能
- Twitterのアカウントを持っていなくてもOK

トレンドせどりの際に非常に有効なアプリです。キーワードも保存可能なので、「品薄」「転売」「Amazon転売」「売り切れ」などで検索し、定期的にチェックして商品をリサーチしましょう。

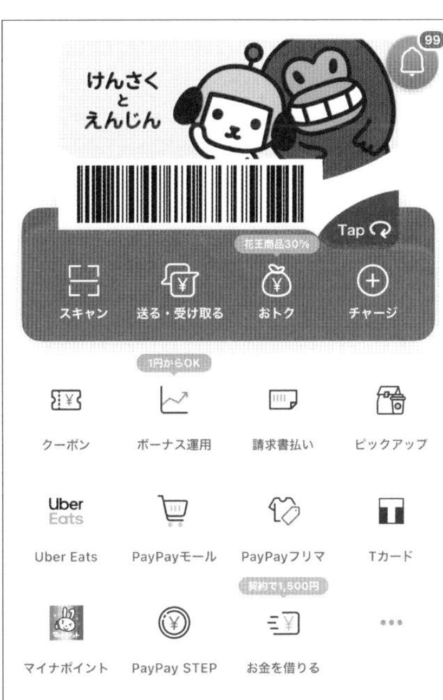

◀ PayPay
提供：PayPay Corporation
価格：無料

●特徴

- スマホ1つあればすぐに支払いできる
- 残高はクレジットカードからチャージ可能
- キャンペーンが多い

国内最大のキャッシュレス決済アプリです。残高はクレジットカードまたは銀行口座からチャージ可能。ワンタッチでかんたんに決済できます。ポイントバックのキャンペーンを頻繁に行っています。

FBAの納品先を変えて受領遅延を避けよう

FBA
受領遅延

FBAに納品したのに、セントラルセラーに全然反映されない。こんなトラブルに直面したら、FBAの納品先を変更することで受領遅延を防止できる可能性があります。

FBA倉庫の受領遅延を把握する

前提として、FBAの納品先は、ランダムで決められます。発送元から遠ければ遠いほど納品までに時間がかかる上、送料も高くなります。2020年7月、Amazonの受領遅延問題が多発し、せどらーの間で話題になりました。受領遅延は大変困ります。

このようなトラブルが起こった時は、まずSNSで検索してみましょう。SNSは公式よりも情報が早く、さまざまなセラーの情報を取得できます。Twitterで「FBA　遅延」と入力して検索すれば、リアルタイムで情報が更新されます。実際に遅延が頻発しているFBA倉庫がわかる以外にも、FBA遅延についての情報を事前に把握できるので非常に便利です。事前にこうした情報を知っていれば、対策を取ることができます。

受領遅延の主な原因

受領遅延の主な原因は、以下の可能性が考えられます。

① 納品先を間違えた
② 配送ラベルの枚数と実際の箱数が違う
③ 配送箱の中に、刃物などが混入していた

とくに、③の梱包の作業に使ったハサミやカッターの混入はアカウント停止措置を受ける可能性があります。その場合、業務改善計画書を提出して承認されないとアカウント停止が解除されないので注意が必要です。

FBA納品先を変更する方法

納品先の倉庫を変更する方法は、主に3つあります。各方法を詳しくみていきましょう。

商品を追加して納品先を変更する

まずは、通常通り納品プランを作成します。商品を1つ追加すると、納品先が変更される場合があります。例えば、サンプルとして作成した納品プランの納品先倉庫は「小田原」に振り分けられました。<商品を追加>をクリックすると、「小田原」から「堺」に納品先が変わりました。この方法に関しては法則性がなく完全ランダムなので、根気強くチャレンジしましょう。

納品プランをコピーして納品先を変更する

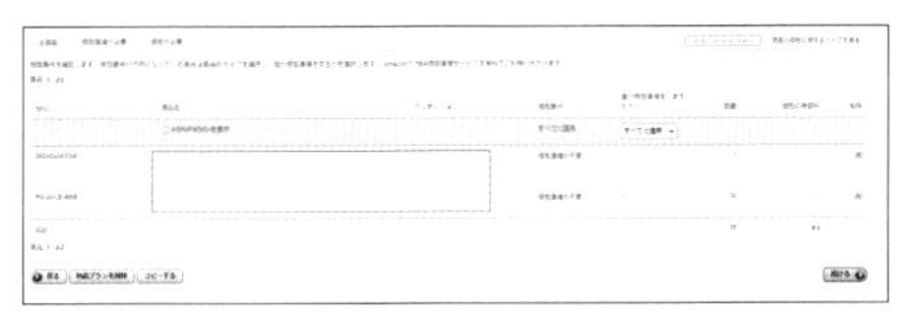

商品の追加と同じくこちらもランダムではありますが、納品プランをコピーしてから現行の納品プランを削除する方法でも、納品先が変わることがあります。何回か試してみたら変更できたので、近くの倉庫になるまで繰り返しましょう。

特定の商品を納品先に組み込む

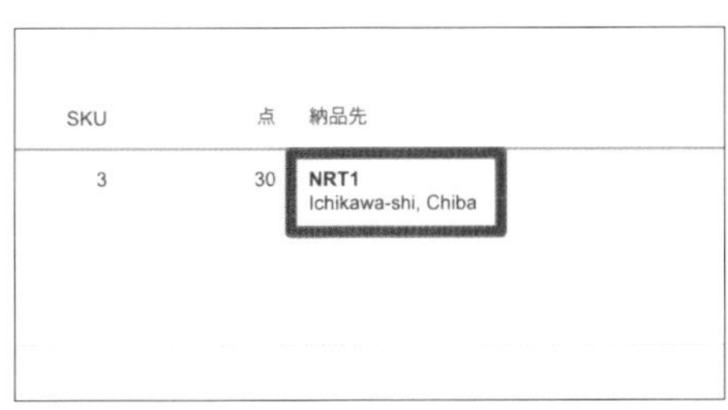

この方法は、先ほど紹介した2つとは全く違います。初めに述べておくと、この方法であればほぼ100%納品先を変更可能です。それは、「チョコレート」を納品プランに組み込むことです。チョコレートは、冬季の間のみFBAに納品できます。

梱包のコツを確認しよう

Amazon FBA
梱包

Amazon FBAへの納品には、厳格なルールが設けられています。ルールを守らずに納品するとAmazonに注意されるだけでなく、出品できなくなる可能性もあるので注意が必要です。

Amazon FBA梱包のコツ

危険物・要期限を混ぜていないかどうか

Amazonの商品は、「通常」「危険物」「要期限」の3種類があります。危険物は、バッテリーやスプレー缶などが該当します。これは、商品登録の際に確認事項として出てくるほか、Amazonセラーアプリからでも調べることができます。要期限は、消費期限または賞味期限が設けられている商品のことです。Amazonでは、これらの商品を混ぜて梱包することを禁止しています。

通常商品であれば通常商品だけまとめて同じ箱に、危険物であれば危険物だけをまとめて同じ箱といったように、同じカテゴリの商品だけをまとめなければなりません。なお、危険物の箱にははっきりわかるようラベルを明記する必要があります。

段ボールのバーコードを消しているかどうか

Amazon FBAに納品する際は、再利用の段ボールを使っても構いません。しかし、店舗でもらってきた段ボールの中にはバーコードが記載されているものもあります。バーコードをそのままにしてしまうと、Amazonの納品書に記載されたバーコードと混同して間違いが発生する可能性があります。そのため、段ボールのバーコードを見つけたら、マジックなどで斜線を入れて消すようにしましょう。

商品のバーコードが2つある場合

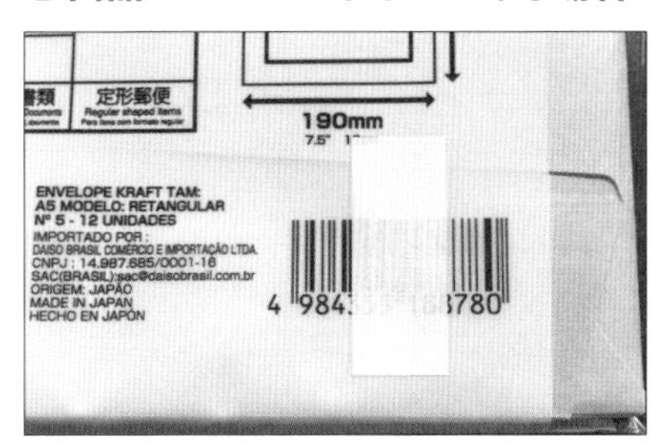

大型家電や本など、一部の商品はバーコードが2つあるものがあります。これは管理上トラブルの元となるため、スキャン可能なバーコード(GCID、UPC、EAN、JAN、ISBN)だけ表示して、もう一方の不要なバーコードはラベルなどで隠すようにする必要があります。

段ボール1箱の重量がオーバーしたとき

・15kg以上の時

天面と側面に「重量超過」と印字したラベルを貼るなどして、わかりやすくしましょう。

・30kg以上の時

30kgを超す重量の場合は、業者によっては配送を断られる可能性もあります。そうした事態にならないよう、最初から重量を超過しないように梱包することが大切です。

在庫を納品/補充 詳細はこちら
数量を入力　商品ラベルを貼付　納品を表示　発送準備　納品内容の確認

発送元	納品名/納品番号	納品先	納品する商品	納品のステータス
	名前: FBA (14/11/14 23:25) - 1 番号: FBA9V7VCQ Amazon参照ID（PO）：--	Amazon.co.jp 小田原市, 神奈川県 JP (FSZ1)	1 SKU 1 数量	納品準備完了 作成日: 2014/11/14 更新日: 2014/11/14 出荷済みとしてチェック

配送状況の確認　納品する商品　受領差異の照会 NEW

輸送箱の数を変更するには前のページに戻ります。

番号	お問い合わせ番号	配送状況
1	000000000000	--

お問い合わせ番号はありません。

保存

セット販売のメリット

セット販売
利益

複数の商品を合わせて売るセット販売は、せどりにおいて大変有効なテクニックです。では、なぜセット販売が有利なのでしょうか。ここでは、セット販売のメリットと利益を出すコツを解説します。

セット販売のメリット

セット販売のメリットは、以下の通りです。

- 他の人が仕入れできない商品を仕入れできる
- 単体では単価が低くてもセット販売で大きな利益を出せる
- ライバルセラーが少ない

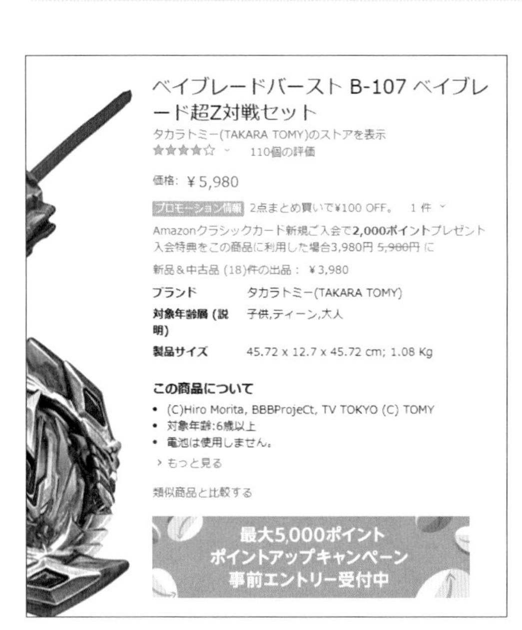

セット商品を販売する最大のメリットは、他の人が仕入れられない商品を仕入れられることです。他のセラーがスルーしてしまうような商品はあまり仕入れされない傾向にあります。そして、在庫も多く残りがちです。しかし、それらの在庫が多い商品でもセット販売で仕入れできるため、より多くの商品を仕入れることが可能です。多くの商品を仕入れできるということは、利益もその分大きくなります。

セット販売で利益を出すコツ

単品の回転率がよい商品をリサーチして仕入れる

セット商品といっても、なんでもセットにしてよいわけではありません。基本的に単品の回転率がよい商品を選んで仕入れることが大切です。回転率がよい商品であれば、Amazonカタログにセット商品のカタログも掲載されている場合が多いです。回転率が悪いものは利益もあまり出ないカタログも少ないので、注意しておきましょう。

定価よりも少し売値が高いタイミングでセット販売する

たとえば、定価が1,000円でAmazonの価格が1,200～1,400円で推移している商品があるとしましょう。このような商品は、セット販売すると利益が出る可能性は高いです。定価よりも少し売値が高い商品をセットで販売するなら、化粧品が最適です。6～8個入りのセット商品にしてカタログを作っているセラーに注目し、その商品の売れ行きを確認して参考にしましょう。

おまけをつけてあげる

初回限定版には、おまけのノベルティが付いている場合があります。このおまけ商品の存在にも注目しましょう。こうしたおまけなどは無料で仕入れできますが、セット販売につけてあげると利益を出してくれます。Amazonのカタログにも掲載されている場合が多いため、覚えておきましょう。

ラッピングをする

1個100円のラッピングを行ってセット商品にするだけで、意外にも数千円も稼ぐことができます。コストを抑えて出品できるため、セット商品を継続的に活用したい方におすすめのコツです。

福袋のばら売りせどり

ばら売り
福袋

新年恒例の福袋は、実はせどらーにとって稼げる商材の1つです。本項では、なぜ福袋をばら売りする必要があるのか、そしてどのような福袋が狙い目なのかを解説していきます。

福袋ばら売りせどりのメリット

福袋ばら売りせどりのメリットは、以下の通りです。

- 利益が出やすい
- せどり初心者にもチャレンジしやすい
- 値崩れしにくい

それぞれの理由を詳しく見ていきましょう。

・利益が出やすい

近年は多くの店が福袋に力をいれています。そのため、福袋の販売価格を上回る目玉商品が入っていることもよくあります。それらの商品をばら売りすることで大きな利益を生み出してくれます。

・せどり初心者にもチャレンジしやすい

福袋は販売時期が決まっていて非常にわかりやすいため、せどり初心者もかんたんにチャレンジできます。普段よりも割安な価格で複数の商品を仕入れできるチャンスは、めったにありません。

・値崩れしにくい

人気の高いブランドの福袋は、正月を過ぎても値崩れしにくいのもポイントが高いです。そのため、いかに人気の福袋を入手するか、リサーチが非常に大切になってきます。

福袋ばら売りせどりのコツ

新年になると、ほぼ全てのお店で福袋が販売されます。多くの場合は「在庫処分」という扱いで、よい商品は入っていないイメージが強いです。そこで狙うべきなのは、ほぼ全ての商品に需要があるブランドを狙うことです。とくにおすすめなのが、アパレルブランドの福袋です。

アパレルブランドの福袋

男女問わず人気のあるブランドなので需要が高く、素材にもこだわっており、かつ単価も高めに設定されています。商品は1点で1万円を超えるものもあります。そのため、福袋でなくとも仕入れることで利益が取れる場合は多いです。

そして、帽子から服や靴までも作っているので対応ジャンルが幅広く、そのすべてに需要があるような状態です。要するに、仕入れた福袋の中身にハズレが少ないのです。このような福袋を狙うことで、安く仕入れつつ在庫を残さない戦略を練ることが可能です。

家電量販店の福袋

近年は多くの家電量販店で福袋の販売が行われます。SNSでも大変評判がよいことでも知られています。人気の高い一眼レフカメラの福袋などはばら売りで利益も取りやすいです。また、人気のGoProなども定価55,000円ほどですが、福袋では30,000円台から手に入るので非常にお得です。初心者は、確実に利益が出る家電量販店の福袋にチャレンジしてみるのも充分ありでしょう。

Memo **福袋せどりの注意点**

福袋なので、ギャンブル性は高いです。必ずしも利益のとれる商品が出るとは限らないので、安定を求めた仕入れがしたい人にはおすすめできません。また、人気のあるショップやブランドの福袋は予約が必要になることが多いです。気になるブランドの福袋の予約の有無は、事前にチェックしておきましょう。

修理しなくてもよいジャンク品せどり

ジャンク品
リサーチ

せどりの手法の1つに、ジャンク品せどりというものが存在します。ジャンク品せどりは、実はせどり初心者にもっともおすすめできるせどりの手法です。

ジャンク品せどりを理解する

ジャンク品せどりとは

「ジャンク品せどり」とは、中古品とも呼ばないような壊れたものや故障品を仕入れて販売することを指します。リサイクルショップなどでジャンクコーナーがあるのは、修理して使いたいマニアやパーツだけ欲しいというパーツ取り目的の方に需要があるからです。それと同様に、せどらーとしてもとても狙い目で、実はとても利益が大きいのが強みの商材でもあります。

ジャンク品せどりのメリット

ジャンク品せどりのメリットは、以下の通りです。

①仕入れ値がタダ同然

「ジャンク品」というのは、かんたんにいうとゴミ同然のガラクタです。粗大ゴミとして出すにはお金がかかるので、それなら引き取ってもらおうということでリサイクルショップに持ち込まれます。要するに、売値もほとんどないようなものです。この点が、後々利益率が高い理由にも繋がります。

②利益率が圧倒的に高い

ガラクタなので、仕入れ値は数百円ほどです。ですが、修理すればその10倍以上の価格で販売できるものも少なくありません。人気のあるメーカーのジャンク品を狙えば、利益率を余裕で100%を越えることも多々あります。

③価格競争に陥りにくい

中古せどり全般に言えることですが、前の持ち主の使い方や頻度によってそれぞれ状態が違います。修理で手間はかかるが、ジャンク品で仕入れ値は安いので、価格競争には陥りにくいです。

修理なしでも利益が出るしくみ

ジャンク品せどりは修理前提だという思い込みは、大きな間違いです。たしかに、「ジャンク品せどり」は修理して中古品扱いで販売するというのが一般的です。ただし、「プリンター」などのように修理なしでも利益を出すことが可能な商材も存在します。ここでは、プリンターを例にジャンク品せどりで利益を出すしくみを詳しく解説します。

検品なしによるジャンク扱い

リサイクルショップには、毎日大量にさまざまなジャンルの中古品が集まります。そんな中、大型のプリンターという厄介もの扱いされている商品があります。専門的な知識がないと正確な値付けもできないので、外観のみを検品してジャンクの内容を把握せずに売りに出していることも多いです。このような商品は狙い目なので要チェックです。

インク切れによりジャンク扱い

プリンターの検品は、印刷の状態でしかほとんど判断できません。プリンターの買取の際にインクが切れていたり、そもそもインクのカートリッジが入っていなかったりする場合、お店側では検品のしようがないため、検品なしでジャンク扱いされます。このようなインク切れ・付属品切れの商品に関しては、カートリッジを挿入すればジャンクではなく中古品として問題なく使えるものも多いです。「インク切れ」「カートリッジ未装着」などの表示がある商品は、問答無用で仕入れてみるのもありです。

ジャンク品のリサーチ方法

ジャンク品のリサーチ方法

そもそも、ジャンク品の時点でAmazonやメルカリなどではカタログは存在しません。総合的に、修理なしジャンクプリンターの販路は「ヤフオク」一択となります。リサーチ方法の流れは以下の通りです。

Step1.「プリンター　ジャンク」で検索
Step2. 落札相場を表示する
Step3. 高値で取引されているものをリスト化
Step4. 店舗で、同じ型番のものを探す

雑誌付録せどり

- 雑誌付録
- リサーチ

近年は、ほとんどの雑誌に付録が付いているのが当たり前となっています。雑誌の付録は、せどりでもしっかりと稼げる商材です。ここでは、雑誌付録せどりについて解説します。

雑誌付録せどりを理解する

雑誌付録せどりとは

雑誌付録せどりとは、主に月刊誌や隔月誌に付帯している『付録』をメインとしてせどりしていく方法です。ここで注目すべき点は、「月間誌」「隔月誌」であることです。要するに、次の号が出るとその号はバックナンバーとなり市場に出回らなくなります。需要はあるのに供給が少なくなるというプレ値の法則に、『雑誌の付録』は該当します。次の号が出れば必然的に過去のものは市場に並ばなくなるので、どうしても手に入れたい方は定価以上の値段を支払ってでも手に入れようとします。こういった方が非常に多いので、雑誌の付録せどりは強いのです。

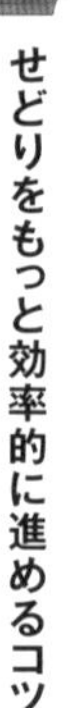

リサーチ方法

雑誌付録せどりのリサーチ方法は、主に2つあります。

①店頭リサーチ

店頭に並んでいる雑誌を見て気になる付録の雑誌をその場でリサーチしていく方法です。本屋、コンビニ、スーパー、家電量販店など、ふらっと立ち寄ったお店で片手間にリサーチができるのもよい点です。

②Twitterリサーチ

「Twitterリサーチ」は、最もおすすめする方法です。やり方はかんたんで、Twitter内の検索窓に「付録」と入力して検索するだけです。すると、出版社の公式アカウントが付録の画像を付けて宣伝しているのを多々みかけるはずです。「いいね」「リツイート」などの反応数で、付録の期待度がわかります。また、メルカリで『雑誌名+付録』で検索すると、過去にどのような付録が取引されたのかを確認できるので、人気の雑誌付録の傾向がわかるはずです。

第7章

せどりにまつわるQ&A

売れ残ってしまった商品はどうする?

売れ残り
収支

売れ残ってしまったら、とにかく何としてでも売りましょう。売れ残りでは収入ゼロ。たとえ赤字でも売れれば収入になります。ここでは、売れ残った商品をどうするべきかについて解説します。

売れ残ってしまった商品はどうする?

せどりをするにあたって、一番気を付けなければいけないのが「**売れ残り**」です。

これまで、とにかくリサーチを重ねて、「売れるものを仕入れろ」と話してきましたが、特に、初心者であればあるほど、どれだけリサーチしても、どれだけ売れると確信して仕入れても、すべてがうまくいくわけではありません。キャリアを積んだせどらーにだって、売れ残りは当然あります。

売れ残りが出たら、まず、どうするか。検討すべき次の一手は、次の3項目のいずれかです。

- **値段を下げる**
- **売り方を変える**
- **売る場所を変える**

とにかく、売る! です。残らせたままでは収入0。たとえ赤字になったとしても、売りきってしまえば、収入になります。とにかく、資金を回収して、次で利益の出る仕入れをすること。**意識するのは、全体の収支**です。在庫を抱えることになれば、場所の問題もありますし、金銭的にも次の仕入れに響くことがあります。

たとえば、セット販売にしていたものをバラ売りにしたり、逆に、バラ売りをセット売りに変えたりするのもよいでしょう。売れないものは、定期的に値段を見直したり、売る場所を変えたりするなどして、とにかく売り切りましょう。

配送トラブルが起きたときはどうする？

配送トラブル
追跡番号

配送トラブルがわかったら、お客様にすぐにお詫びを入れると共に、すばやい調査、対応が必要になります。ここでは、配送トラブルへの対応について解説します。

配送トラブルはどう対応する？

Amazonなどのネット販売でも、メルカリなどのフリマ販売でも、お客様とのトラブルで最も多いのが**配送トラブル**です。 Amazonの「フルフィルメント by Amazon（FBA）」発送の場合は、Amazonカスタマーサービスが対応してくれますが、自分で発送する商品の場合は、きちんとした対応が求められます。

主なトラブルの内容には、次のようなものがあります。

- **商品が届かない**
- **不良品が届いた**
- **違う商品が届いた**
- **商品が足りない**

トラブルが発生した場合は、とにかくすばやく対応することが重要です。まず、メールの返信はすぐにしましょう。

商品が届かないという場合、**追跡番号**がある場合は、すぐに配送会社に確認すると共に、お客様にもその状況を報告しましょう。郵便などで送付して追跡番号がない場合は、投函した管轄の郵便局に確認をしましょう。

不良品、異なる商品、商品数が誤って届いたなどの場合は、丁寧にお詫びし、不良品は着払いで返品を依頼して返金などの対応を、異なる商品や個数の不備の場合はすぐに正しい商品を再送しましょう。

なお、返品が手間になることもあります。その際は柔軟に対応し、返品を求めない対応をすることも大切です。

悪い評価ばかり付けられてしまった!

出品者の評価
評価の削除依頼

Amazonでは、購入者からの評価が重要になります。理不尽な評価がつけられた場合、Amazonに対して削除を依頼することができます。ここでは、悪い評価への対応について解説します。

悪い評価を付けられてしまったら?

Amazonでは、**売買後、購入者は出品者を5段階で評価することができます**（ヤフオクやメルカリのように、販売者、購入者がそれぞれ評価するしくみではありません）。

この評価では、**5、4が良い評価、3から1が悪い評価**とされ、「**出品者の評価**」として、評価件数に対する「良い」評価（☆5と☆4）の割合が表示されます。

匿名で評価できるため、時には理不尽に悪い評価をつけられることもります。

本当に反省すべき評価は、しっかりと受け止める必要がありますが、「フルフィルメント by Amazon（FBA）」の問題や商品評価、金額についてなど、明らかに理不尽な評価については、Amazonに対して「**評価の削除を依頼**」することができます。

評価削除依頼は、以下のような手順で行います。

① <セラーセントラル>を開く
② <ヘルプ>の入力欄に「評価削除依頼」と入力して検索
③ <ツール>の<評価の削除を依頼する>を選択
④ <注文番号>の欄に削除したい注文番号を入力
⑤ 評価削除したい理由を選択（一覧に理由がない場合は、その他の欄に記入）
⑥ 送信する

この方法で依頼した評価が削除されなかった場合は、直接、購入者に交渉しましょう。あくまでも依頼です。丁寧に連絡することが重要です。

家電などの保証書はどうする？

保証書
ほぼ新品

家電など、保証期間が気になる商品を販売する際は、きちんとその状況を伝えることが何よりも大切です。ここでは、保証書がない、添付しづらい保証書といった時の対応について解説します。

保証書がないと売れない？

保証書がないけれど売れるのか、保証書の期限が切れているけれど問題はないのか……など、保証書はつけるべきなのか、つけなくてもよいのか、販売時、保証書について悩むことは多いのではないでしょうか。

保証書には、保証書として封入されているもの、レシートが保証書になっているもの、外箱に保証欄があるものなどがあります。特に、レシートが保証書になっているものは購入者に渡すことは難しく、保証欄にすでに購入店舗の印が押されている場合は保証期間が始まってしまっているため、判断に苦慮することでしょう。

このような場合の対応は、以下のようになります。

保証書の状態	対応
保証書がレシートの場合	添付不要。その旨を記載のうえ、「新品」で販売可能（レシートは販売者が保管） Amazon 等から発行される領収書、納品書に記載の日付を購入日として保証
保証欄にすでに印が押されている保証書の場合	その旨を記載のうえ、「新品」以外のコンディションで販売。Amazon では、すでに保証期間が始まっていたり、有効期限が切れていたりする商品は、新品として販売できない

保証書がある場合、ない場合、いずれにしても、販売する際にその状況を正しく丁寧に説明を記載することが重要です。新品で販売できない未使用品は、保証書の状況も伝えたうえで、「ほぼ新品」として販売することも可能です。

Amazonの出品者名はどうすればよい？

出品者の情報
本名

ネットでの商品の売買には、法的な規制があります。それに伴い、Amazonでも、出品者が表示しなければいけない情報についての規定があります。

出品者名は本名にしなければいけない

ネットで販売する場合は、法令に基づいて、販売業者、販売する商品、取引条件等に関して、特定の事項を表示することが義務付けられています。

これに伴い、Amazonでは、**出品者情報の表示についての規定**があります。必要な情報が表示されていない場合、または、虚偽の情報が表示されていた場合は、出品の一時停止、出品資格の永久停止等のペナルティが科せられる場合があるので、注意が必要です。

Amazonサイトの出品者の情報で表示しなければいけない情報は、以下のとおりです。

項目	内容
販売業者名	戸籍上の氏名、または、商業登記簿に記載された商号
お問い合わせ先電話番号	購入者からの問い合わせ対応等のための電話番号
住所	個人出品者についても、事業所の所在地を表示する必要がある 事業を行っている場所が自宅である場合でも、例外ではない

その他、運営責任者名、店舗名、許認可情報などの表示が必要です。このように、個人で出品する場合であっても、本名や自宅（自宅で事業を行っている場合）、電話番号などを例外なく表示する必要があります。

販売元の信頼性を高めるための表示事項です。正しい情報を申請しましょう。

Amazonに商品を発送してから、商品の破損が発覚した場合どうなる？

補填
FNSKU

Amazonで販売する利点は、しっかりとした保証があるところ。万が一、Amazonからの配送時に紛失や破損があった場合、補填のしくみがあります。ここでは、そのしくみについて解説します。

必要な資金はどれくらい？

「フルフィルメント by Amazon（FBA）」サービスでは、出品者がAmazonに納品した商品をAmazonが運営する配送業者や代理である配送業者が紛失、破損した場合、その商品と同じFulfillment Network Stock Keeping Unit（FNSKU）の新品と交換するか、出品者に返金するしくみになっています。

非常に安心なしくみですが、これらの補填を受けるには、以下の条件を満たしている必要があります。

- その商品が、紛失または破損した時点でFBAに登録されていること
- その商品が、FBA商品の制限事項および納品在庫要件に準拠していること
- 納品プランに記載したとおりの商品および数量を発送していること
- その商品が、廃棄保留中または出品者のリクエストやAmazonの権利により廃棄されていないこと
- その商品が、不良品でもなく、購入者によっても破損されていないこと
- 紛失・破損の申請を行う時点で、出品用アカウントのステータスが通常であること

これらの条件を満たしているにもかかわらず、補填が受けられていない場合、出品者はAmazonに対して補填の申請ができます。申請方法は、どの時点で商品が紛失または破損したかによって変わるため、詳細は、セラーセントラルのWebサイト（https://sellercentral.amazon.co.jp/gp/help/external/200213130?language=ja-JP&ref=mpbc_200402820_cont_200213130）で確認し、速やかに申請しましょう。

クレジットカードのメリット

● クレジットカードとは

せどりでは、クレジットカードを作ると有利というように解説をしていますが、ここでクレジットカードについて詳しく解説をします。そもそもクレジットカードとは、利用者がカード会社と契約をすることで、加盟店でカード払いができるしくみとなっています。現在では、カードを利用できない店はかなり少ないので、カードだけ持ち歩くことでも買い物ができるようになりました。

● クレジットカードのブランド

クレジットカードにはブランドが存在しています。さまざまな種類がありますので、詳しくは解説をしませんが、基本的にはVisaやMastercardが有名でしょう。American Expressは年会費がかかるので初心者には不向きです。その代わりさまざまな海外サービスが受けられるので、海外旅行に行くことが多い方は選択の1つにしてもよいでしょう。なお、JCBは日本生まれのブランドですが、とくに海外では使えるお店が少ないため、注意が必要です。

● クレジットカードのポイント

クレジットカードによっては、使えば使うほどポイントが貯まり、そのポイントでお買い物やサービスを受けることができます。これはカード会社やブランドによってさまざまなので、自身にあったカードを探して、それを使うとよいでしょう。とくに楽天でせどりを行う場合は、楽天カードがあるとポイントも効率よく貯めることができます。

付録

副業の基礎知識を確認しよう

働き方改革と副業

- 規制緩和
- 企業の現状

働き方が多様化したことで、近年、「副業」という言葉をよく耳にするようになりました。ここでは企業の現状や規制緩和などについて説明していきます。

副業ニーズが高まるも導入企業はまだ少ない

2019年4月から「働き方改革関連法」が段階的に施行され、働き方改革の実現に向けてさまざまな取り組みが行われています。近年では働き方が多様化し、テレワークやフレックスタイム、ワークシェアリングなど、ライフスタイルに合わせた柔軟な働き方が可能になりました。

そのような中、**働き方改革の一環として政府が推進しているのが「副業」や「兼業」**です。コロナ禍の今では、単なるお小遣い稼ぎとしてではなく、収入を安定させるための手段としてはじめる人も多くなっています。株式会社リクルートキャリアが行った「兼業・副業に関する動向調査」によると、企業に勤める正社員のうち、約9.8%が兼業・副業を実施しているという結果が出ています。兼業・副業への関心が高いのは20～30代の若年層が多い一方で、いまだ多くの企業が兼業・副業を認めていないという実態があります。

◎兼業・副業の実施状況（2020年12月時点）

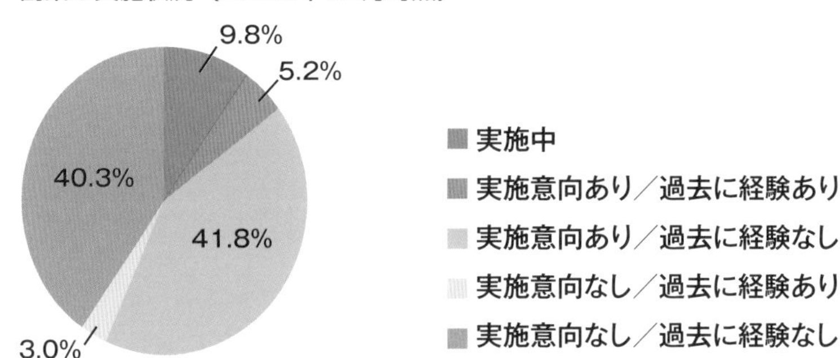

出典：株式会社リクルートキャリア「兼業・副業に関する動向調査」
https://www.recruit.co.jp/newsroom/recruitcareer/news/20210225_02cuj4f.pdf

▲ 兼業・副業を実施しているのは9.8%だが、全体の約半数以上が意向を示している。

過重労働や情報漏えいへの懸念

厚生労働省は2018年1月に、企業が就業規則を作成する際の指針となる「モデル就業規則」において、これまで「許可なく他の会社等の業務に従事しないこと」とされていた規制が、「勤務時間外において、他の会社等の業務に従事することができる」に改定されました。この改定によって企業で副業が解禁され、新しい働き方として注目を集めています。

ところが、前述した通り、現状では兼業・副業制度がある企業はごくわずかであり、多くの企業では禁止されています。そのおもな理由として、「社員の長時間労働を助長する」「労働時間の管理・把握が困難」「情報漏えいのリスクがある」などが挙げられています。

⊙企業が副業の導入に踏みとどまるおもな理由

長時間労働

情報漏えい

副業は企業側にもメリットをもたらす

副業することで、働く側にとっては、収入の増加や本業では得られない新たなスキルや経験を得られるなどのメリットがありますが、企業側にもメリットが期待できます。たとえば、副業で得たスキルや知識を自社で活かすことができれば、より効率よく業務を遂行できるようになるでしょう。

また、育児や介護など、さまざまな事情で一時的に勤務できない場合も退職せずに済むため、結果的に従業員の定着率が向上したり、優秀な人材を失わずに済んだりすることができるのです。自身が興味ある分野に積極的にチャレンジできる環境を整えることは、従業員の自律性や自主性を育み、企業側にも大きなメリットをもたらします。

サラリーマンの規則と副業

労働基準法
機密情報

働き方が多様化した今、会社に勤めながらも副業で収入を増やすサラリーマンが増えてきています。労働時間や会社への報告など、副業にまつわる制限を押さえておきましょう。

労働時間はルールが定められている

副業をはじめるうえでまず知っておかなければならないのが「労働時間」です。労働時間は「労働基準法」という法律で以下のように定められています。

第三十二条

使用者は、労働者に、休憩時間を除き一週間について四十時間を超えて、労働をさせてはならない。

2　使用者は、一週間の各日については、労働者に、休憩時間を除き一日について八時間を超えて、労働させてはならない。

つまり、法定労働時間は1日8時間、週40時間と定められており、副業する場合も同様に労働基準法が適用されます。これを超えた場合は時間外労働とみなされ、残業代が支払われるようになります。注意したいのは、本業と副業の労働時間が通算されるということです。たとえば、本業で8時間、副業で3時間働く場合、3時間分の時間外手当が受けられるのです。

⊙本業と副業の労働時間に要注意

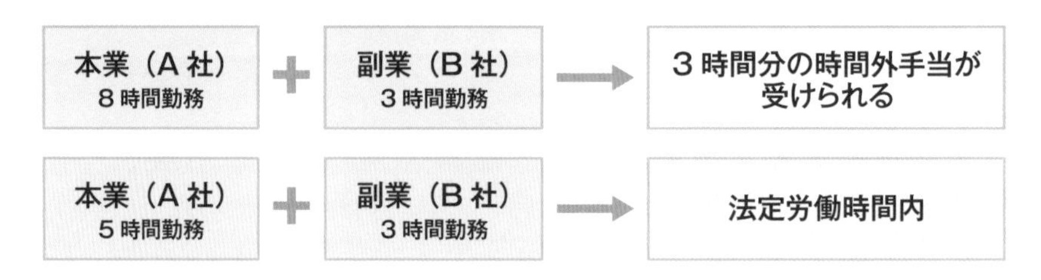

▲ 本業と副業の労働時間は通算される。両者のバランスを見て決めることが大切だ。

機密情報の流出には要注意

副業する場合、機密情報の取り扱いには十分な注意が必要です。業務内容によっては、本業で培ったノウハウや重要な情報が副業先の会社で有用になることがあるため、機密情報が流出するリスクがあります。副業を認めている企業では情報漏えいを不安視する声も多く、就業規則で「秘密保持義務」や「競業避止義務」を遵守するように求めたり、本業と競業するような企業では副業しないことを定めた誓約書を提出させたりするところもあります。機密情報が漏えいすれば企業にとっても大きな損害を被ることになるため、厳重な取り扱いが求められます。

秘密保持義務

競業避止義務

会社への報告はどうする?

副業をはじめる際に多くの人が悩むのが、会社へ報告すべきかどうかということです。副業をはじめる段階まで進んだら、まずは自社の就業規則を確認するようにしましょう。申請が不要な会社もありますが、中には所定の手続きを踏んだり、書類の提出を求めたりする会社もあります。副業が認められていても、手続きせずに副業した場合は何らかの処分が下される可能性も考えられるため、就業規則に則って判断するようにしましょう。

Memo　公務員は制限が多い

公務員の副業や兼業は法律で禁止または制限されています。その理由として、「公務員として信用を落とすような行為をしてはならない(信用失墜行為の禁止)」「職務上の秘密を漏らしてはいけない(守秘義務)」「本職に専念しなければならない(職務専念の義務)」の3原則があります。基本的には許可がなければ副業できませんが、そのハードルも高いとされています。無許可での副業は懲戒処分や停職になるリスクがあるため十分に注意しましょう。なお、上記に挙げた3原則に該当しないものとして、一部認められている副業もあります。

雇用契約の種類と契約書の見方

契約形態
契約書

副業にはさまざまな契約形態があります。それぞれで業務内容や報酬などの条件が決まるため、副業をはじめる前に確認しておきましょう。契約書のチェックポイントも解説します。

副業は業務委託契約が主流

副業の契約形態には、正社員や契約社員、パート·アルバイトとして会社に雇われて働く「**雇用契約**」、企業が個人に対して特定の業務を委託する「**業務委託契約**」の2種類に大別することができます。さらに業務委託契約は、成果物の納品によって対価が支払われる「**請負契約**」、成果物がなくても対価が支払われる「**委任契約**」に分けられます。一般的に副業で働く場合は、業務委託契約の形を取ることが多いでしょう。

◉雇用契約のしくみ

契約形態

- 雇用契約
- 業務委託契約
  - 請負契約：成果物の納品を目的とする
  - 委任契約：業務の遂行を目的とする

このように、副業といってもその契約形態はさまざまです。契約形態によって責任を負う範囲も異なるため、事前によく確認するようにしましょう。

また、保証内容も異なります。労働法や社会保険などが適用される雇用契約に対して、業務委託契約ではそうした保証がありません。そのため、労働時間に規制がなかったり、労働保険が適用されなかったりするなど、すべて自己責任になってしまうため、自身で加入する必要があります（本業で社会保険に加入している場合はそのまま適用されます）。

契約書でチェックすべき項目

副業の場合も、契約形態を問わず契約書を交わすことになるため、あとでトラブルに発展しないよう、不審な点がないかどうかを慎重に確認することが大切です。中には書面を作成せずに口頭のみで契約を結ぶところもあるようですが、万一トラブルが発生した際に、口頭では契約内容を証明することが困難です。良好な関係を築いていくためにも、必ず書面で契約を交わし、以下に挙げるチェックポイントをよく確認して、あいまいな部分がないようにしておきましょう。

◉契約書のチェックポイントの一例

項目	概要
契約形態	請負契約または委任契約の２種類があり、それぞれで責任を負う範囲が異なる
業務内容・成果物	求められる業務範囲や成果物に関する記載。相違がないよう明確に記載されているかを確認する
報酬金額・算出方法・支払い方法	報酬金額のほか、算出方法や支払い方法、支払い日に問題がないかを確認する
業務にかかわる経費	業務を行ううえで発生する経費がどの範囲まで認められるかを確認する
納期・契約期間・契約解除	成果物の納期や契約の期間などを確認する。契約更新・解除の条件なども忘れずに確認する
損害賠償	万一トラブルが起きた際に、その責任範囲や上限額を確認する
瑕疵担保責任	成果物を納品したあと、ミスや不具合などが見つかった際に補償する責任。責任範囲のほか、企業側が行使できる権利などを確認する
知的財産権	成果物の「知的財産権」をどちらが所有するかを確認する
秘密保持	業務を通して得た情報には守秘義務が生じる。機密情報の取り扱い方法や範囲について確認する

税金と確定申告

税金
確定申告

副業する際に避けて通れないのが確定申告です。副業で収入を得ている場合でも、一定以上の収入を得ている場合には申告しなければなりません。ルールに従って手続きしましょう。

税金は所得の種類によって異なる

本業と同様に、副業で働いて収入を得た場合にも、その所得に応じた所得税と住民税を支払わなければなりません。所得は10種類に分類され、それぞれで必要な経費の範囲や所得の計算方法が異なります。ここでおもなものを紹介するので、自分が得た収入がどの分類になるのかを確認しましょう。

◉おもな所得の種類

所得区分	説明
給与所得	パートやアルバイトなどで得た給料による所得。収入金額（源泉徴収される前の金額）から給与所得控除額を差し引いたものが課税対象となる
不動産所得	マンションやアパートなどの賃貸から得た所得。家賃や敷金礼金などの総収入金額から必要経費を差し引いたものが課税対象となる
事業所得	サービス業や農業・漁業などの事業として得た所得。総収入金額から必要経費を差し引いたものが課税対象となる
雑所得	アフィリエイトやライティングなどで得た所得。総収入金額から必要経費を差し引いたものが課税対象となる

Memo　税金を算出する

副業でどのくらい税金がかかるのかを知りたいときは、税金をシミュレーションできるサイトを活用するとよいでしょう。freeeが無料で提供している「副業の税額診断」（https://www.freee.co.jp/kojin/fukugyou/tax-simulation/）では、本業や副業の収入、経費の割合を入力するだけで、所得税や住民税、社会保険料などが自動的に算出されます。確定申告のときに慌てないよう、事前に診断しておおよその金額を把握しておくと安心です。

確定申告は早めに準備しておくのがカギ

副業での所得が年間20万円を超えた場合は、確定申告の手続きをする必要があります。ただし、会社員で副業による所得が給与所得の場合、年間20万円以下でも白色申告（下記参照）による確定申告が必要です（給与所得の総額を申告する必要があるため）。また、この20万円というルールは所得税に対して適用されるものであり、所得が1円以上ある場合は別途住民税の申告が必要です。

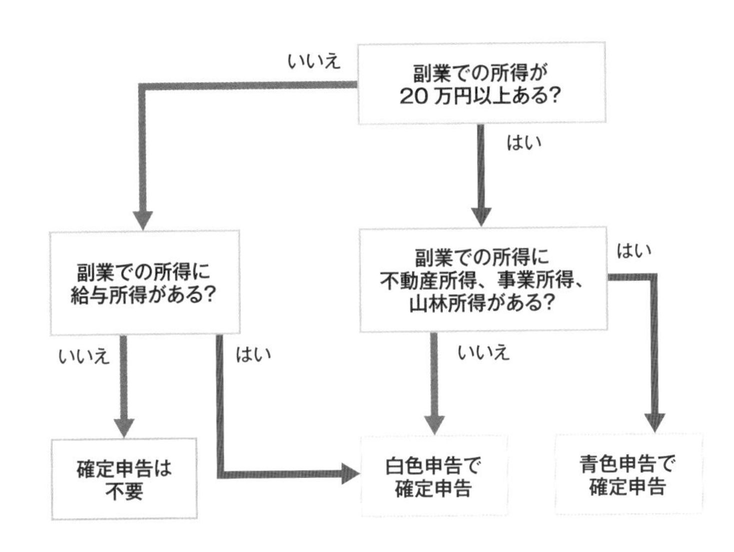

所得税の確定申告には、「青色申告」と「白色申告」の2種類があります。青色申告は複式簿記（取引を複数の科目で記載する方式）で帳簿を記録しなければならないため、複雑で手間がかかりますが、最大65万円が控除される制度が用意されています。一方、白色申告は青色申告の申請を行っていない人がするものです。事前の申請が不要だったり、かんたんな記帳のみで済んだりするなど負担は少ないですが、青色申告のような控除は受けられません。

なお、確定申告書は、毎年2月16日～ 3月15日までの1カ月間が提出期間と定められています。万一提出期限を過ぎた場合は承認されないので、事前に準備しておくようにしましょう。確定申告書の作成が難しそうだと感じたり、面倒くさいと思ったりする人も中にはいるかもしれません。そのようなときは、「やよいの青色申告オンライン」や「freee」などの確定申告ソフトが便利です。日々の収入と支出を入力するだけで複雑な複式簿記が作れるため、青色申告をする場合は活用してみることをおすすめします。

索引

アルファベット

あ行

か行

さ行

た行

な行

索引

は行

ま行

や行

ら行

わ行

監修紹介

楓

プロフィール
趣味：麻雀、ポーカー、お金稼ぎ　フットサル
好きな言葉：「怠惰を求めて勤勉に行き着く」
好きな漫画：福本伸行先生作品全般、フルーツバスケット
取得資格:宅地建物取引士試験合格、管理業務主任者合格、簿記2級

経歴
19歳、20歳　様々なお金稼ぎに挑戦&資格取得
大学在学中に自分一人で稼ぐ力を付けると決意。
カラオケのバイトをしながら様々なお金稼ぎに挑戦。
株式投資、ブログ、アフィリエイトなど
お金稼ぎで代表されるものは全て挑戦するが
元手が少ないためもあって中々思ったように稼げない時期が続く。
FIREするための手段として不動産投資に興味があったので
将来の購入時に備え、不動産関係の資格を取得。
21歳　大学3年　せどりと出会い月50万利益達成
ある日たまたま見たTVでせどりを知る。
その日に本屋に行き「せどり」に関する本を購入。
実践してみると元手20万円だけでも十分稼げることを知り
そこからは、大学の授業以外はせどりに没頭する日々。
22歳　せどりで年商1億円達成　大学卒業
23歳　テレビ東京「五反田マネーウォーズ」出演
24歳　「ワールドビジネスサテライト」2019年2月27日放送分出演
26歳現在　せどり物販、
YouTube運営「楓のせどり塾チャンネル」
https://www.youtube.com/channel/UCyQ1mGd8OC_wSveeL23XFrA（2021年8月時点で登録者3.84万人）
ブログ運営「22歳で年商1億達成‼せどり・転売で0から月30万稼ぐ楓のブログ」
http://sedori07keshi.com/

アフィリエイト、株式投資、仮想通貨など多数キャッシュポイントで時間に縛られない生活を送る。

Twitter　公式アカウント
「@sedori33」

インスタグラム公式アカウント
「sedorifeng」

● 編集／DTP……………………………………リンクアップ
● 本文デザイン ……………………………リンクアップ
● 装丁 ……………………………………………坂本真一郎（クオルデザイン）
● 装丁イラスト ……………………………高内彩夏
● 担当 ……………………………………………伊藤 鮎（技術評論社）
● 技術評論社 Web ページ …………………https://book.gihyo.jp/116

■問い合わせについて
本書の内容に関するご質問は、下記の宛先までFAXまたは書面にてお送りください。なお電話によるご質問、および本書に記載されている内容以外の事柄に関するご質問にはお答えできかねます。あらかじめご了承ください。

〒162-0846
東京都新宿区市谷左内町21-13
株式会社技術評論社　書籍編集部
「初心者でもできる！　せどり副業で月収10万円」質問係
FAX：03-3513-6167

※ご質問の際に記載いただいた個人情報は、ご質問の返答以外の目的には使用いたしません。
また、ご質問の返答後は速やかに破棄させていただきます。

初心者(しょしんしゃ)でもできる！　せどり副業(ふくぎょう)で月収(げっしゅう)10万円(まんえん)

2021年11月4日　初版　第1刷発行

著者　リンクアップ
監修　楓（かえで）
発行者　片岡 巌
発行所　株式会社技術評論社
東京都新宿区市谷左内町21-13
電話：03-3513-6150　販売促進部
03-3513-6160　書籍編集部
印刷／製本　日経印刷株式会社

定価はカバーに表示してあります。

造本には細心の注意を払っておりますが、万一、乱丁（ページの乱れ）や落丁（ページの抜け）がございましたら、小社販売促進部までお送りください。送料小社負担にてお取り替えいたします。

ISBN978-4-297-12363-5 C3055

Printed in Japan